全国技工院校制冷设备运用与维修专业教材（中/高级技能层级）

制冷基本操作技能

（第三版）

人力资源社会保障部教材办公室组织编写

中国劳动社会保障出版社

简介

本书主要内容包括：钳工基本操作技能，制冷管道加工技术及训练，制冷管道连接技术及训练，制冷维修中常用仪器、仪表的使用，空调器的安装和移机等。

本书由董韶峰主编，朱芬、李松柏、吴之庆参加编写。

图书在版编目(CIP)数据

制冷基本操作技能/人力资源社会保障部教材办公室组织编写. --3版. --北京：中国劳动社会保障出版社，2019

全国技工院校制冷设备运用与维修专业教材. 中/高级技能层级

ISBN 978-7-5167-3828-3

Ⅰ. ①制… Ⅱ. ①人… Ⅲ. ①制冷工程-中等专业学校-教材 Ⅳ. ①TB6

中国版本图书馆CIP数据核字(2019)第049026号

中国劳动社会保障出版社出版发行

(北京市惠新东街1号　邮政编码：100029)

*

北京市艺辉印刷有限公司印刷装订　新华书店经销

787毫米×1092毫米　16开本　7.5印张　175千字

2019年5月第3版　2021年12月第4次印刷

定价：14.00元

读者服务部电话：(010) 64929211/84209101/64921644

营销中心电话：(010) 64962347

出版社网址：http://www.class.com.cn

http://jg.class.com.cn

前　言

为了更好地适应全国技工院校制冷设备运用与维修专业的教学要求，全面提升教学质量，人力资源社会保障部教材办公室组织有关学校的一线教师和行业、企业专家，在充分调研企业生产和学校教学情况、广泛听取教师对教材使用反馈意见的基础上，对全国技工院校制冷设备运用与维修专业教材进行了修订。本次修订后出版的教材包括：《制冷技术基础（第三版）》《制冷基本操作技能（第三版）》《空气调节与中央空调装置（第三版）》《小型制冷设备原理与维修（第三版）》《冷库技术（第三版）》，同时新增《户式中央空调结构原理与安装维修》及各教材的配套习题册。

本次教材修订工作的重点主要体现在以下几个方面：

第一，更新教材内容，体现时代发展。

根据制冷设备运用与维修专业毕业生工作岗位的实际需要和本专业教学实际情况的变化，合理确定学生应具备的能力与知识结构，对部分教材内容及其深度、难度做了适当调整；根据相关专业领域的最新发展，在教材中充实新知识、新技术、新设备、新材料等方面的内容，体现教材的先进性；采用最新国家技术标准，使教材更加科学和规范。

第二，改进表现形式，激发学习兴趣。

在教材内容的呈现形式上，较多地利用图片、实物照片和表格等形式将知识点生动地展示出来，力求让学生更直观地理解和掌握所学内容，在激发学生学习兴趣和自主学习积极性的同时，使教材“易教易学，易懂易用”。

第三，开发配套资源，提供教学服务。

本套教材增加了配套习题册和方便教师上课使用的多媒体电子课件。习题册的内容除常规设计之外，均附有2～3套模拟试卷，部分习题册还增加了与世界技能大赛制冷与空调项目相关的内容。多媒体电子课件可以通过职业教育教学资源和数字学习中心网站（http：//zyjy.class.com.cn）下载。另外，在部分教材中使用了二维码技术，针对教材中的教学重点和难点制作了动画、视频、微课等多媒体资源，学生使用移动终端扫描二维码即可在线观看相应内容。

本次教材的修订工作得到了北京、江苏、浙江、广东等省人力资源社会保障厅及有关学校的大力支持，在此我们表示诚挚的谢意。

人力资源社会保障部教材办公室

2019年4月

目 录

第一单元　钳工基本操作技能

所谓钳工，就是利用各种手用工具和一些简单设备来完成目前采用机械加工方法不适合或不能完成的工作。

通常，一台机械设备由多个不同的零部件组成，这些零部件在各自加工完成后，需由掌握钳工技术的人员进行装配。有些设备在装配过程中，一些零部件往往还需要再加工，例如钻孔、攻螺纹、配键等。有些设备零部件的加工精度要求并不高，整个设备的精度是通过装配过程中的再加工来保证的。此外，使用时间长的机械设备，因自然磨损、使用者不按规章操作等，都会造成配合精度降低和性能变差。为了保证其应有的功能、改善其性能，通常需要利用钳工技术进行修理。机械设备的零件加工、组合装配和调试维修都离不开钳工技术。

空调和制冷设备中大多数是机械部件，例如压缩机、风机、室内外换热器、连接管道、各种阀件等，这些部件的制造加工、装配安置及检查维护等都离不开钳工技术。

下面以实训课题的形式介绍钳工常用工具和基本操作技能。

课题一　钳工常用设备和量具

学习目的

1. 了解钳工常用设备和量具的名称，熟悉它们的外形。
2. 熟悉钳工常用设备和量具的作用。
3. 初步掌握钳工常用设备和量具的使用方法。

一、钳台和台虎钳

1. 钳台

钳台也称钳桌，是一种箱柜式钳工操作台，其典型外形如图 1—1 所示。桌面上安装有台虎钳，配有照明灯，防护网和挂图架不仅可以起到安全隔离作用，还可挂置零件图和装配图，橱柜、抽屉和台面可存放一些工量具和工件等。它要求坚固结实，早期多为木制，现多为铁制。钳台的高度以台面上安装的台虎钳上端到站立着的人下巴之间的竖直距离约一前臂加一拳的长度为宜，如图 1—2 所示。钳台的高度通常在 80～90 cm，长宽无标准。图 1—2 所示为一种较为简易的双人用钳台。

2. 台虎钳

台虎钳是用来夹持工件的通用夹具，其规格用钳口的宽度表示，有 100 mm、125 mm 和 150 mm 等，分为固定式和回转式两种。

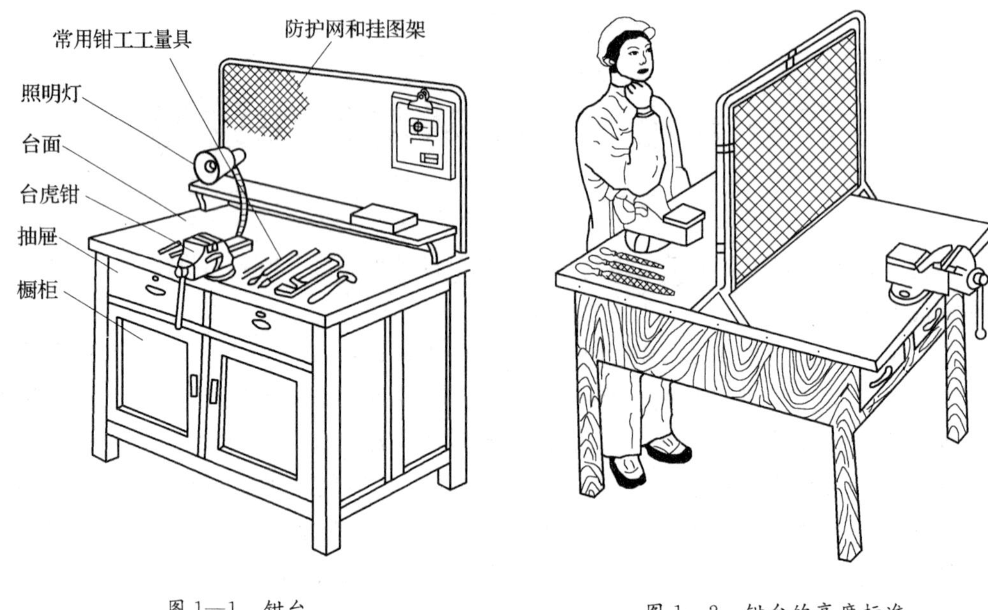

图 1—1　钳台

图 1—2　钳台的高度标准

（1）固定式台虎钳

固定式台虎钳的外形和结构如图 1—3 所示，它主要由固定钳身、活动钳身、丝杠、砧座和钳口等组成。整体全用铁制成，其中固定钳身和活动钳身为铸铁件。

活动钳身通过方形导轨与固定钳身的方孔导轨配合，可前后滑动。丝杠装在活动钳身上，它与安装在固定钳身内的螺母配合，当摇动手柄时丝杠旋转，便带动活动钳身相对固定钳身做进退移动，起夹紧或放松工件的作用。

在固定钳身和活动钳身上各固定一个长方体形的钢质钳口，它经过热处理淬硬，具有较好的耐磨性。钳口的工作表面刨有交叉的网纹，能使工件夹紧后不易产生滑动。

（2）回转式台虎钳

回转式台虎钳也全用铁制成，其外形和结构与固定式台虎钳差别不大，如图 1—4 所示。它与固定式台虎钳的主要区别是多了一套旋转及紧固装置，安装时将转座固定在钳台上，固定钳身装在转座上，它能绕转座轴心在 360°的水平范围内任意转动，以方便钳工在各个方

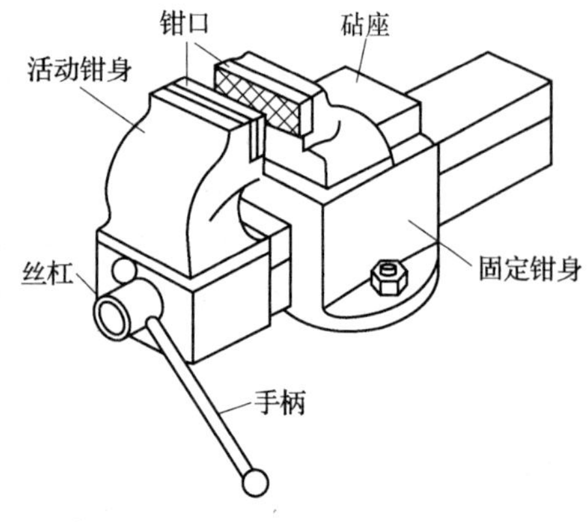

图 1—3　固定式台虎钳的外形和结构

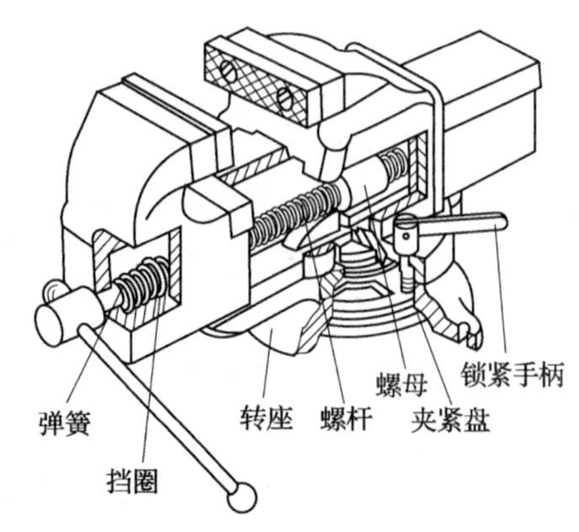

图 1—4　回转式台虎钳的外形和结构

向进行操作。当转到所需位置时，扳动锁紧手柄，使夹紧螺钉旋紧，便可在夹紧盘的作用下把固定钳身紧固住。

台虎钳安装在钳台上时，必须使固定钳身的钳口处于钳台边缘以外，以保证能垂直夹持较长的工件。

3. 台虎钳使用实训（2～4 人一组，分组进行）

实训内容和要求：

（1）观察、熟悉台虎钳结构。

（2）在固定式台虎钳上夹紧、松卸长方体和圆柱体铁制工件。

（3）调整回转式台虎钳的角度。

（4）爱护工具，安全文明操作。

二、常用量具的使用

1. 钢直尺

钢直尺是钳工操作中最常用和最基本的长度测量工具，其外形如图 1—5 所示。它主要用来测量工件的长、宽、高、深，有时还用于对一些要求较低的工件表面进行平面度误差的检查，如图 1—6 所示。

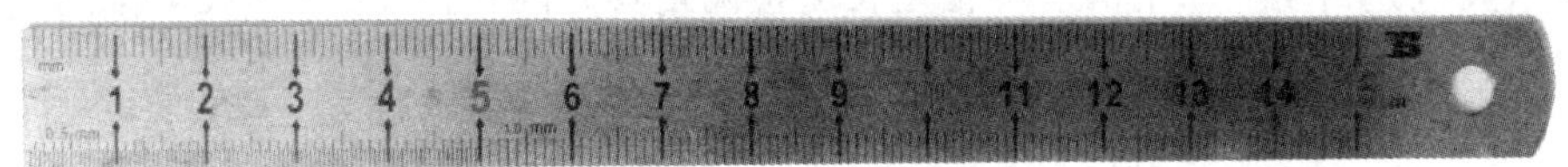

图 1—5 钢直尺

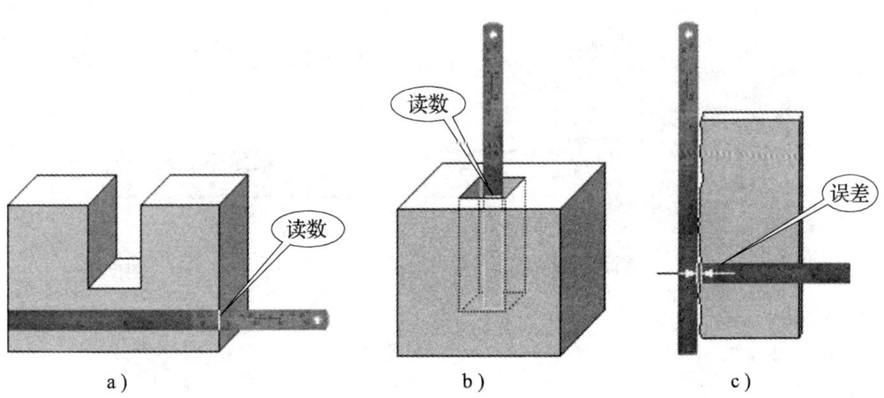

图 1—6 钢直尺的主要作用

a）测量工件的长、宽、高 b）测量工件的深度 c）检查工件平面度误差

钢直尺的规格（测量长度范围）有 150 mm、300 mm、500 mm 和 1 000 mm 四种。尺面上公制尺寸刻线间距一般为 1 mm，但在 1～50 mm 之内刻线间距为 0.5 mm，此为钢直尺的最小刻度。

由于刻度线本身宽度就有 0.1～0.2 mm，再加上尺子本身的刻度误差，所以用钢直尺测量出的数值误差比较大，而且 1 mm 以下的小数值只能靠估计得出，因此不能用于精密测量。

有的钢直尺将公制与英制尺寸线条分别刻在尺面相对的两条边上，背面还刻有公、英制换算表，一尺多用。

在使用钢直尺进行测量读数时，应注意视线要与测量区平面垂直，视点落在读测点上，如图 1—7 所示。

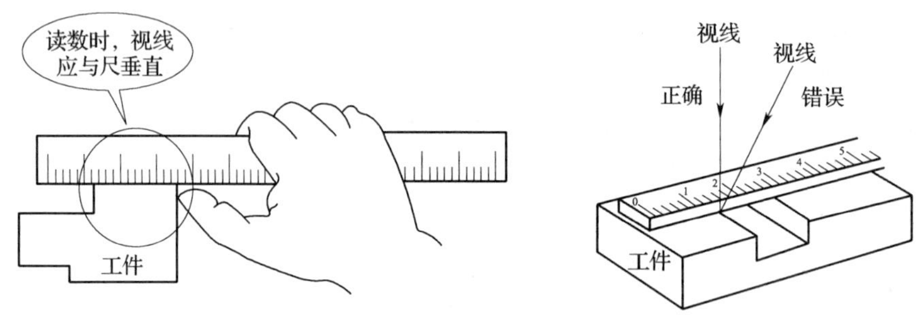

图 1—7 用钢直尺进行测量时视线应垂直于尺面

2. **游标卡尺**

（1）游标卡尺的用途

游标卡尺也是钳工操作中的一种常用长度检测量具，因其特殊的结构，其测量精度远高于钢直尺。

（2）游标卡尺的结构

游标卡尺由尺身及能在尺身上滑动的游标尺等组成。测量范围为 0～150 mm 的普通游标卡尺的结构如图 1—8 所示。

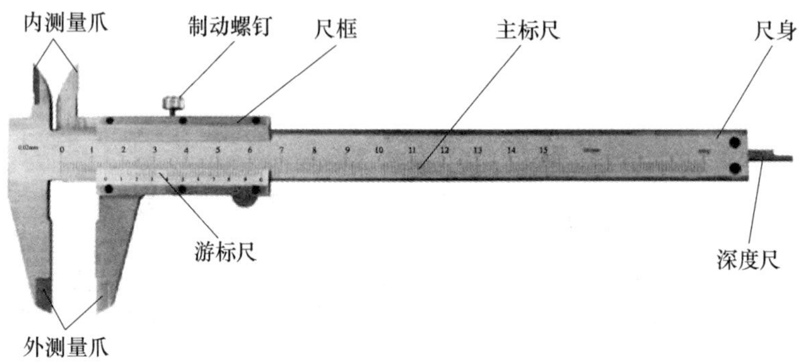

图 1—8 测量范围为 0～150 mm 的普通游标卡尺的结构

（3）游标卡尺的分度值

游标卡尺的分度值有 0.10 mm、0.05 mm 和 0.02 mm 三种，常用的为 0.02 mm，下面以这种游标卡尺为例介绍分度值的概念。

分度值为 0.02 mm 的游标卡尺，其尺身上主标尺刻度之间的距离为 1 mm，而游标尺上每格之间的距离为 0.98 mm，它们相差 0.02 mm，如图 1—9 所示。尺身上刻度每格的长度与游标尺上每格的长度之差称为分度值。分度值越小，测量结果越精确。

（4）游标卡尺的使用方法

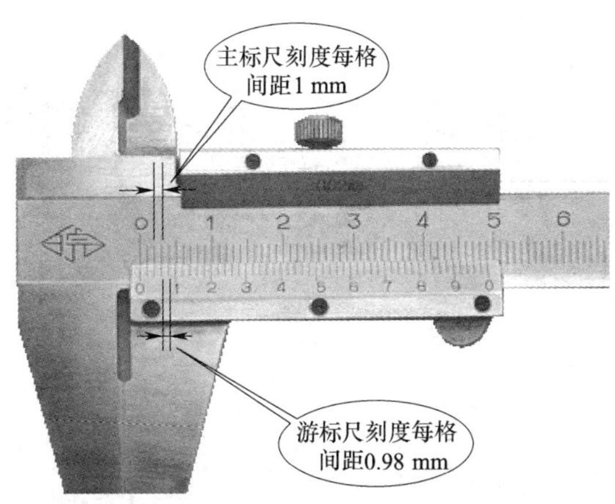

图 1—9　分度值为 0.02 mm 的游标卡尺的刻度

1）测量方法

在测量较小尺寸的工件时，通常左手拿住小尺寸零件，右手把握游标卡尺，如图 1—10 所示。而在测量较大尺寸的工件时，通常用双手持拿游标卡尺，如图 1—11 所示。

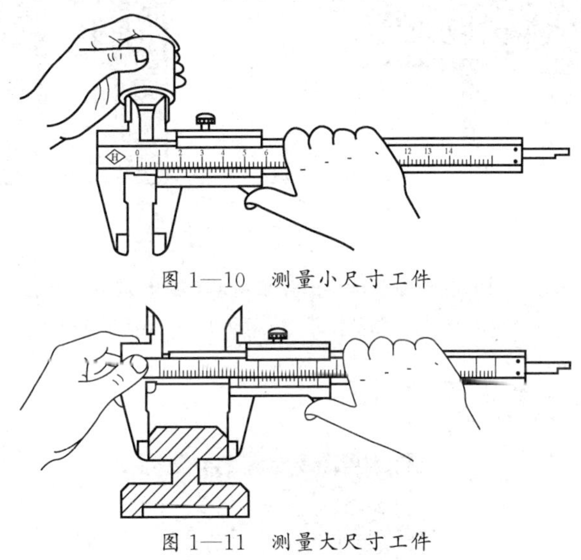

图 1—10　测量小尺寸工件

图 1—11　测量大尺寸工件

用游标卡尺对工件不同参数进行测量的方法如图 1—12 所示。

2）示值读取方法

读取游标卡尺上的示值时一般分三步，即读取整数部分，读取小数点后第一位数值，读取小数点后第二位数值。

① 读取整数部分

整数部分从游标卡尺的主标尺上读取。为了便于读取，主标尺上每 10 mm 标有一个数字。靠近游标尺“0”标记左边的主标尺标记就是整数值。图 1—13 所示尺寸的整数部分为 24 mm。

② 读取小数点后第一位数值

小数点后第一位数值从游标尺上读取。在游标尺上每 5 格标有一个数字，主标尺与游标

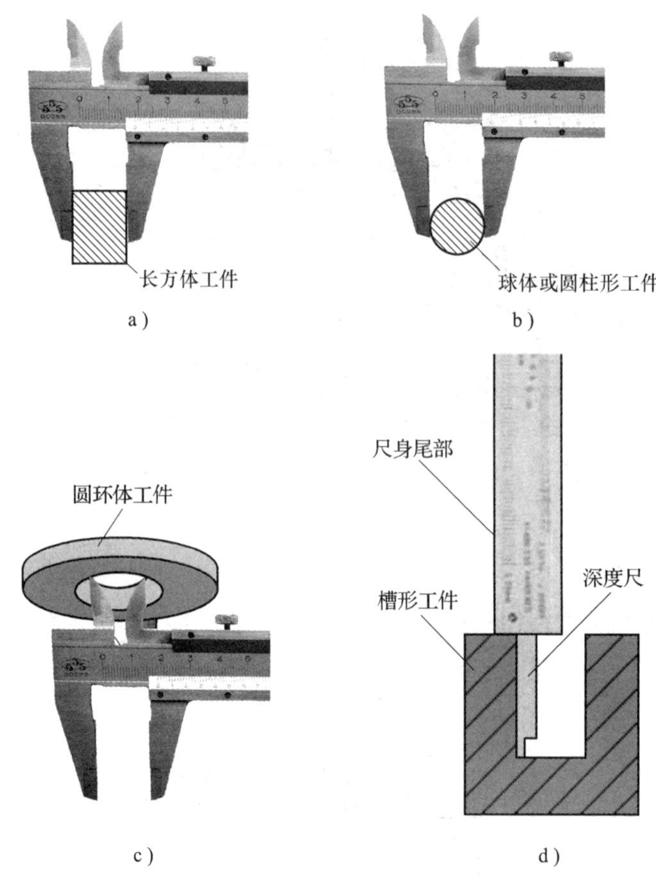

图 1—12 用游标卡尺对工件不同参数进行测量的方法

a）测量长度 b）测量外径 c）测量内径 d）测量深度

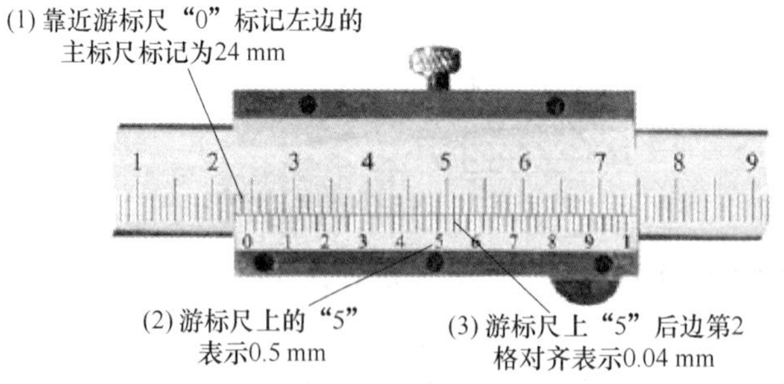

图 1—13 分度值为 0.02 mm 游标卡尺示值的读取方法

尺标记对齐处左边的数字就是小数点后的第一位数值。图 1—13 所示尺寸小数点后的第一位数值为 5，即 0.5 mm。

③ 读取小数点后第二位数值

主标尺与游标尺标记对齐处至左侧第一位标记数字间的格数乘以 0.02 就是小数点后的第二位数值。图 1—13 所示尺寸小数点后的第二位数值为 2×0.02=0.04 mm。

因而，图 1—13 所示游标卡尺的示值为 24+0.5+0.04=24.54 mm。

(5) 游标卡尺使用注意事项

1) 测量时，按精度要求和工件的尺寸大小，选用合适的游标卡尺。游标卡尺适用于中等公差等级（IT10～IT16）尺寸的测量和检验，不得用它去测量铸件、锻件等毛坯尺寸，否则量具容易磨损而使精度下降；也不能用游标卡尺去测量精度要求过高的工件，例如，分度值为 0.02 mm 的游标卡尺可产生±0.02 mm 的示值误差。

2) 使用前要对游标卡尺进行检查，擦净量爪，并检查量爪测量面和测量刃口是否平直无损。两量爪贴合时应无漏光现象。

3) 使用前应将两量爪贴合，检验尺身与游标的零线是否对齐，若不能对齐，则应根据差值大小对测量结果进行修正。

4) 测量外尺寸时，两量爪应先张开到略大于被测尺寸后缓缓插入工件，如图 1—14a 所示，再以固定量爪贴住工件一侧，然后轻轻地将活动量爪推向工件另一侧，使量爪与工件紧贴，如图 1—14b 所示。

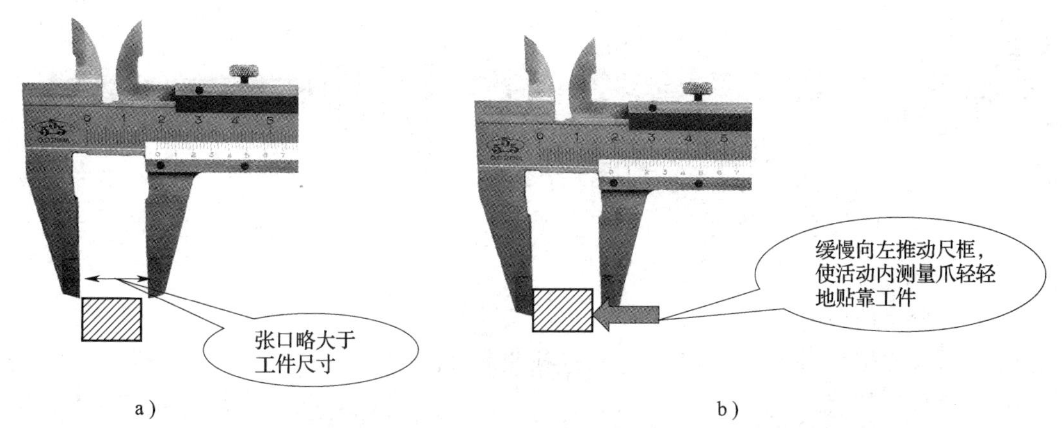

图 1—14 游标卡尺使用外测量爪测量工件尺寸的操作要领示意图

a) 外测量爪插入工件 b) 活动外测量爪靠向工件边缘

5) 测量工件外尺寸时，卡尺测量面的连线应垂直于被测量表面，不能歪斜，如图1—15a 所示。

测量工件内径时，刀口内测量爪应在内孔直径上，且不能歪斜，如图 1—15b、c 所示。

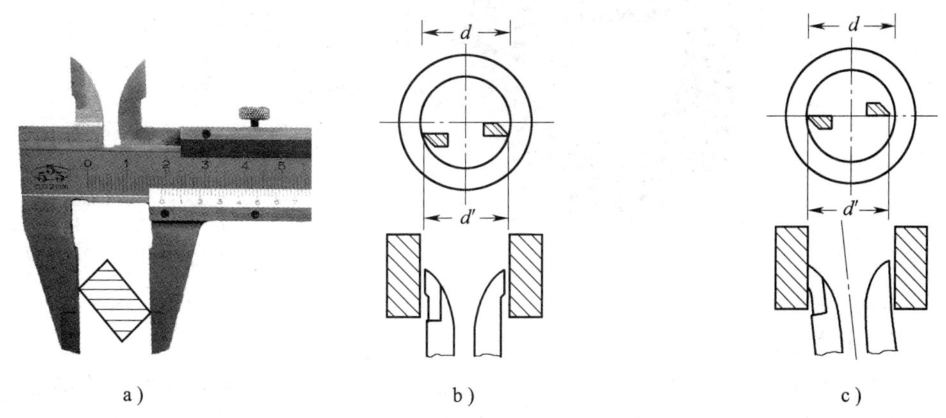

图 1—15 游标卡尺常见的错误操作示意图

a) 测量面的连线不垂直于被测量表面 b) 内测量爪不在孔的直径上 c) 内测量爪歪斜

6）测量内尺寸时，两量爪应先张开到略小于被测尺寸后缓缓插入工件内孔，再以固定量爪贴住工件内孔一侧，然后轻轻地将活动量爪拉向工件内孔另一侧，使量爪与工件紧贴。注意应使两测量爪与内孔的接触处组成的平面通过内孔中心轴线，图 1—15b 和图 1—15c 表示了两种不正确的操作方法，它们将产生错误的测量结果。

7）读数时，应使视线尽可能与游标卡尺的刻线表面垂直，以免视线歪斜造成读数误差。

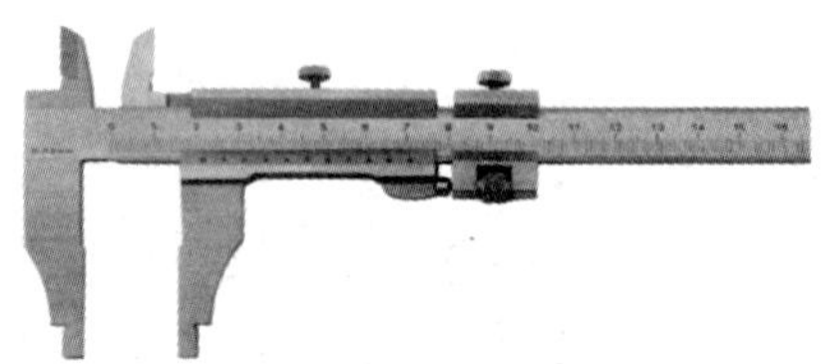
图 1—16　带圆弧内测量爪游标卡尺

以上介绍的是普通游标卡尺及其使用，实际生活中还有带圆弧内测量爪游标卡尺、带表游标卡尺以及数显游标卡尺等，如图 1—16、图 1—17 和图1—18所示。其中数显游标卡尺精确度可达 0.01 mm，可当千分尺使用。

另外，钳工常用的游标卡尺规格有 0～125 mm、0～200 mm 和 0～300 mm 等几种。

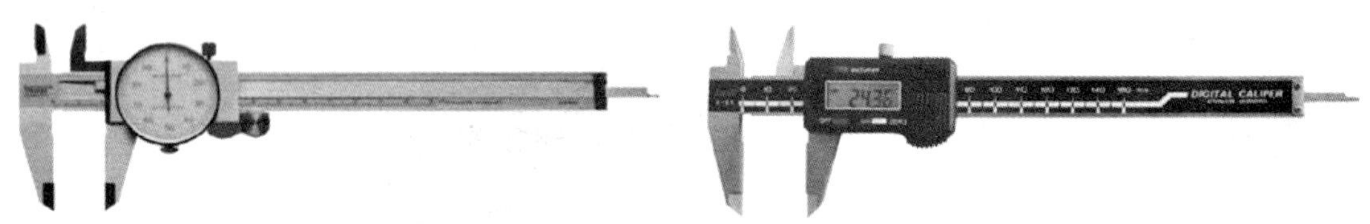

图 1—17　带表游标卡尺　　图 1—18　数显游标卡尺

3. 千分尺

（1）千分尺的用途

千分尺又称螺旋测微仪，也是一种长度检测量具。

（2）千分尺的结构

千分尺按用途和结构可分为外径千分尺、内径千分尺和深度千分尺等，图 1—19 所示为最常用的一种外径千分尺。

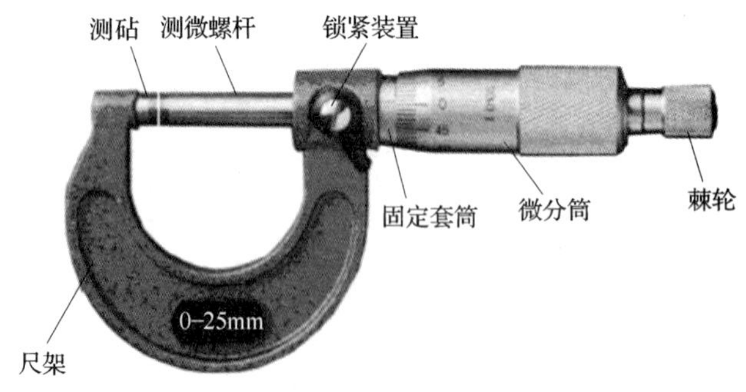

图 1—19　外径千分尺

（3）千分尺的分度值

千分尺测微螺杆的螺纹间距为 0.5 mm。当微分筒转一周时，测微螺杆就移动 0.5 mm，微分筒前端圆锥面的圆周上等弧长地刻上 50 条直线，微分筒每转动一格，测微螺杆就移动 0.5 mm/50 mm（0.01 mm），因而千分尺的分度值为 0.01 mm。

（4）千分尺的使用方法

1）测量方法。用外径千分尺测量工件外尺寸的操作方法如图 1—20 所示。

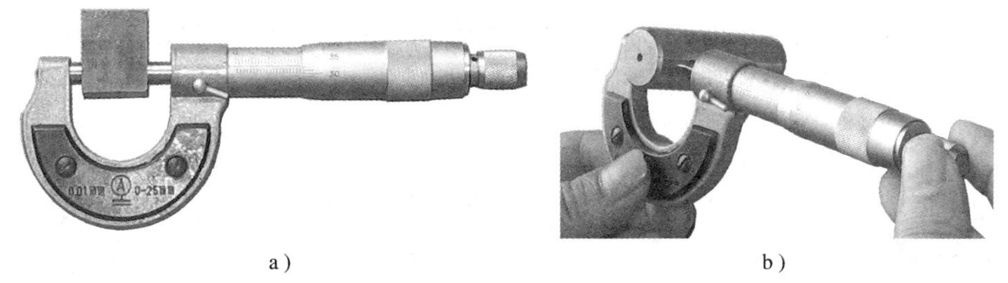

a）　　　　b）

图 1—20　用外径千分尺测量工件外尺寸的操作方法

a）测量工件两平行平面之间的距离　b）测量圆柱体直径

2）示值读取方法。外径千分尺的示值读取可分三步，下面以图 1—21 所示示值的读取为例进行说明。

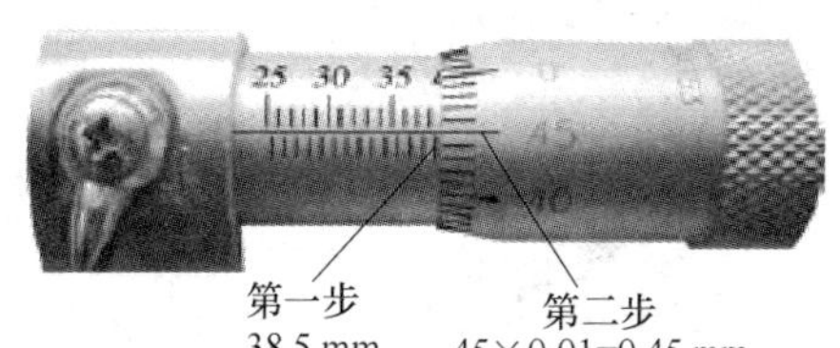

图 1—21　外径千分尺示值的读取方法

① 读出固定套管上标尺所显示的最大数值（38.5 mm）。

② 在微分筒上找到与基准线对齐的标记，再乘以分度值（45×0.01＝0.45 mm）。当微分筒上的标尺标记与基准线不对齐时，应估读到小数点后第三位数。

③ 把两个读数相加即得到该千分尺所显示的示值（38.5＋0.45＝38.95 mm）。

（5）千分尺测量注意事项

1）千分尺的测量面应保持干净，使用前应进行校准：先转动微分筒，当两测量面接近时改用棘轮，直到棘轮发出“咔咔”的声音，两测量面重合。此时微分筒上的零线应与固定套筒上的基准线对齐，否则应对测量结果进行修正。

2）测量时也应先转动微分筒，当测量面将要接近工件时改用棘轮，直到棘轮发出“咔咔”的声音为止，如图 1—22 所示。

3）测量中千分尺的工作面应与被测工件表面重合，不能如图 1—23 所示有所歪斜。

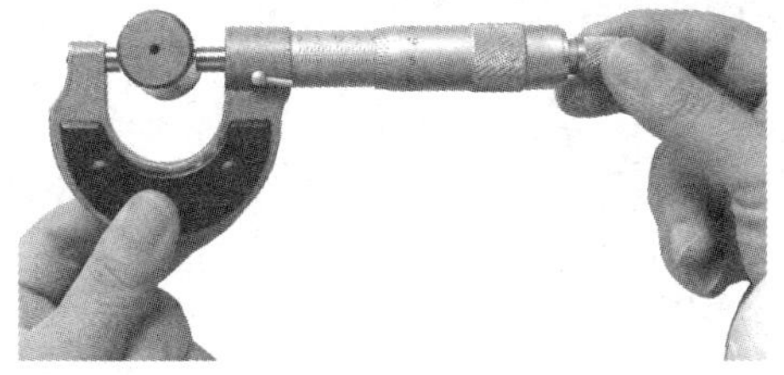

图 1—22　当两测量面接近时改用棘轮

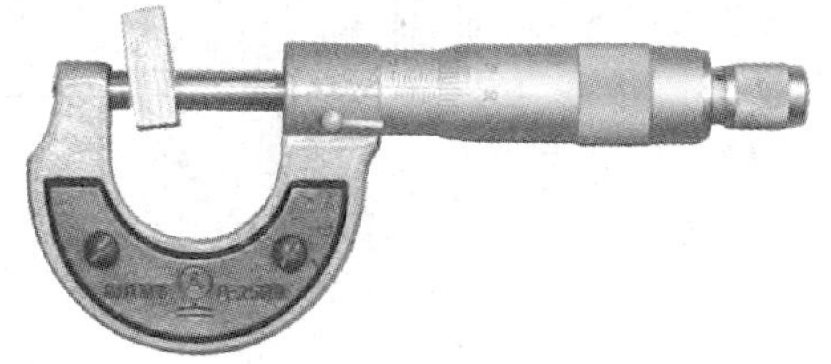

图 1—23　千分尺的工作面与被测工件表面产生歪斜

4）不能用千分尺测量毛坯，更不能在工件转动时进行测量，以免损坏千分尺。

5）测量完毕，应擦去千分尺表面污物，将其放入盒内，并存放于干燥环境中。为避免两测量面锈蚀，可在金属表面涂上一层防锈油。

6）存放时两测量面之间须保持一定间隙，以免温度升高时的热膨胀造成工具损坏。

4. **水平仪**

（1）水平仪的用途

水平仪主要用来检验各种机械设备导轨的直线度、机件相对位置的平行度，调整设备安装的水平度和垂直度，以及测量零件的微小倾角等，是机械制造、安装和维修常用的基本检验工具。

（2）水平仪的外形和结构

水平仪由框架和水准器组成，根据框架结构不同通常分条式和框式两种，分别如图1—24和图1—25所示。根据测量原理不同分为管泡式和激光式水平仪。根据显示方式不同分为刻度式和数显式水平仪。

常规的管泡式水准器的玻璃管上有刻度，管内装有适量的乙醚和乙醇（俗称酒精），由于没有装满而留下一个气泡。气泡的位置随被测表面相对于水平面的倾斜度而变化，它总是向高的方向移动，若气泡在正中间，说明被测表面水平；若气泡向右移动，说明右边高，如图1—26所示，反之亦然。

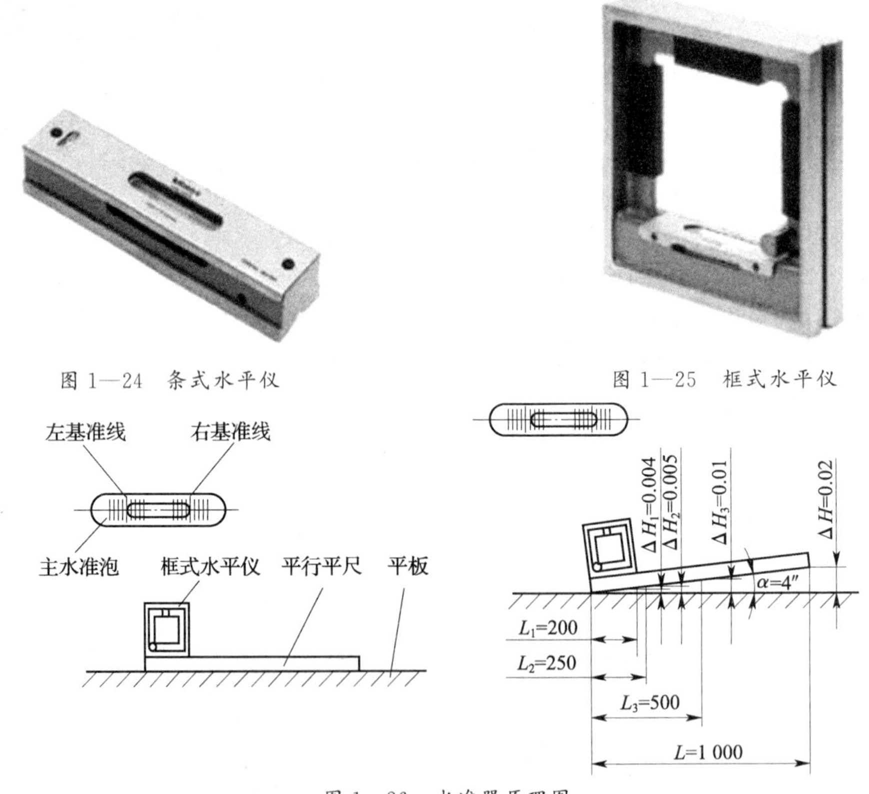

图1—24　条式水平仪

图1—25　框式水平仪

图1—26　水准器原理图

水平仪的分度值有0.04 mm/1 000 mm、0.02 mm/1 000 mm、0.01 mm/1 000 mm等几种。钳工比较常用的是分度值为0.02 mm/1 000 mm、外形尺寸为200 mm×200 mm的框式水平仪。制冷设备的安装和维修中常用条式水平仪。

（3）水平仪的使用方法

现以分度值为0.02 mm/1 000 mm的框式水平仪为例说明其使用方法。用分度值为0.02 mm/1 000 mm的水平仪测量一长度为600 mm的导轨工作面的倾斜程度，测量时水平仪的气泡移动了 3 格，则导轨工作面两端高度差为：

$$h=\frac{0.02}{1\ 000}\times600\times3=0.036\ \text{mm}$$

（4）水平仪的使用注意事项

1）根据被测量精度要求选用合适的水平仪。水平仪精度越高，稳定气泡的时间越长，价格也越高。

2）测量前应仔细擦净表面，并检查被测表面有无毛刺。发现毛刺可用油石打磨。

3）为减少水平仪测量面的磨损，不可将水平仪在被测表面上拖动，最好将水平仪放置在特制的垫板上使用。

4）测量时不要与任何物体发生碰撞。

5. 塞尺

由于加工上的问题，一些工件表面并不平整，钳工常将工件放在标准平板上，塞入不同厚度的标准金属薄片，以此来检测工件与平板之间的间隙，确定工件表面平面度情况。

上面提到的标准金属薄片称为塞尺，实际上塞尺通常由多个不同厚度的标准金属薄片组合在一起，如图 1—27 所示，其长度有 75 mm、100 mm 和 200 mm 等几种。当厚度为 0.03～0.1 mm 时，中间每片相隔 0.01 mm；当厚度为 0.1～1 mm 时，则中间每片相隔 0.05 mm。

使用塞尺时可根据实际情况，将一片或数片重叠在一起使用，但是应尽量减少重叠在一起使用，以减少积累误差。测量时若用 0.03 mm 一片能插入，而用 0.04 mm 一片不能插入，则说明间隙在 0.03～0.04 mm 之间，所以塞尺也是一种界限量规。另外，使用塞尺前应先清除工件和塞尺上的灰尘和油污。插入塞尺时不能用力太大，以免塞尺弯曲和折断。

6. 常用量具使用实训

（1）实训内容和步骤

1）观察和熟悉钢直尺、游标卡尺和千分尺的外形和结构。

2）分别用钢直尺、游标卡尺和千分尺测量图 1—28 所示工件的高度、内外直径和深度。

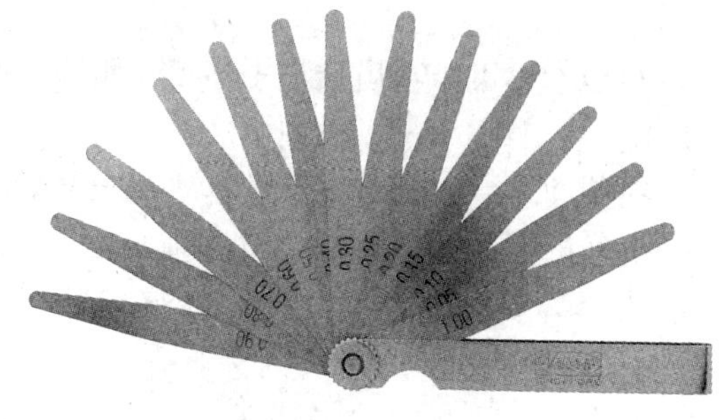

图 1—27　塞尺

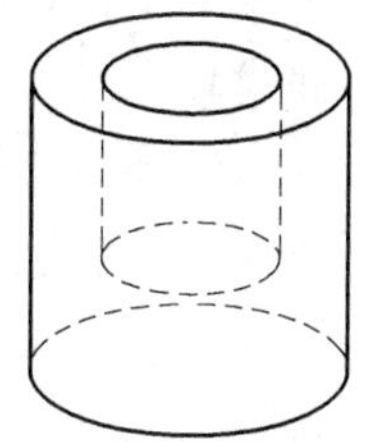

图 1—28　测量用工件

3）比较三种测量结果。

（2）实训要求

1）爱护工量具，注意安全文明操作规范。

2）按要求编写实训报告（包括实训内容、实训工量具、实训过程、实训数据分析、实训总结）。

（3）考核标准（见表 1—1）

表 1—1　　考核标准

<table>
<tr><td>班级</td><td colspan="2"></td><td colspan="2">姓名</td><td colspan="2"></td><td>学号</td><td></td><td colspan="2">成绩</td><td></td></tr>
<tr><td>课题名称</td><td colspan="6">常用量具的使用实训</td><td colspan="2">实训时间</td><td colspan="3"></td></tr>
<tr><td rowspan="3">项目</td><td colspan="10">评分标准</td><td rowspan="3">配分</td></tr>
<tr><td colspan="3">量具使用方法</td><td colspan="3">读数</td><td colspan="2">量具保养</td><td colspan="2">安全文明操作</td></tr>
<tr><td>正确</td><td>基本正确</td><td>不正确</td><td>准确</td><td>不准确</td><td>错误</td><td>优良</td><td>中差</td><td>优良</td><td>中差</td></tr>
<tr><td>钢直尺测量</td><td>10</td><td>1～9</td><td>0</td><td>10</td><td>1～9</td><td>0</td><td>4～5</td><td>0～3</td><td>4～5</td><td>0～3</td><td>30</td></tr>
<tr><td>游标卡尺测量</td><td>10</td><td>1～9</td><td>0</td><td>10</td><td>1～9</td><td>0</td><td>4～5</td><td>0～3</td><td>4～5</td><td>0～3</td><td>30</td></tr>
<tr><td>千分尺测量</td><td>10</td><td>1～9</td><td>0</td><td>10</td><td>1～9</td><td>0</td><td>4～5</td><td>0～3</td><td>4～5</td><td>0～3</td><td>30</td></tr>
<tr><td>实训报告</td><td colspan="3">认真：9～10</td><td colspan="3">较认真：6～8</td><td colspan="4">不认真：0～5</td><td>10</td></tr>
</table>

课题二　平 面 划 线

学习目的

1. 了解划线的作用，明确平面划线中基准的概念，掌握平面划线中基准的确定。
2. 了解常见划线工具的名称，熟悉它们的外形，初步学会使用平面划线工具。
3. 初步掌握平面划线的操作方法。

一、划线的概念和作用

1. 划线的概念

在钳工技术中，划线是指在毛坯或工件上，用划线工具划出待加工部位的轮廓线或作为基准的点和线。

划线分为平面划线和立体划线，如图 1—29 和图 1—30 所示。前者只要在一个平面上划线即能满足加工要求，而后者要求同时在工件不同的表面上划线才能满足加工要求。

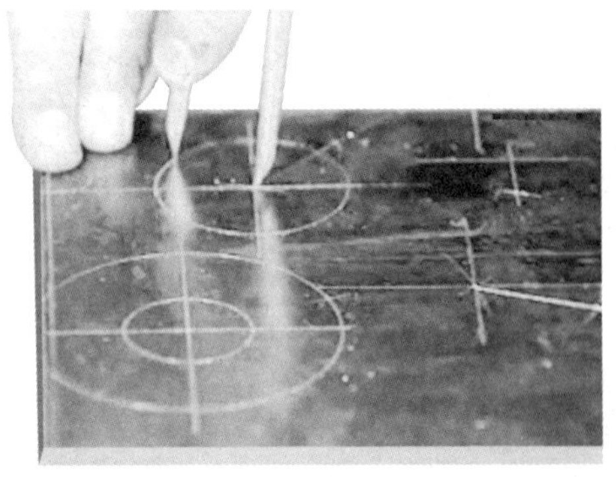

图 1—29　平面划线

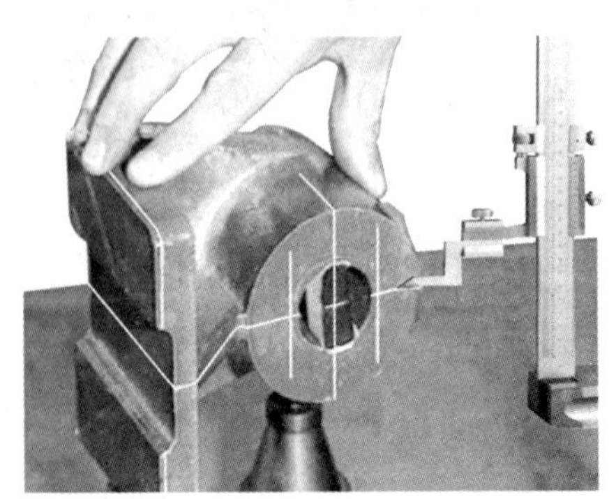

图 1—30　立体划线

2. 划线的作用

（1）确定工件上各加工面的加工位置和加工余量。

（2）全面检查毛坯的形状和尺寸是否符合图样要求，是否满足加工要求。

（3）当坯料上出现某些缺陷时，可通过划线时的“借料”方法来进行一定的补救。

（4）在板料上按划线下料，可做到正确排料、合理用料。

二、划线工具及其使用方法

1. 划线平台

划线平台也称划线平板，其外形如图 1—31 所示。位于上部的工作面由铸铁制成，经过精刨或刮削加工十分平整，作为划线时的基准平面。划线平台通常由木架支撑并固定。使用中应保持平台工作面的清洁，工件和工具在平台上都要轻拿轻放，避免碰伤工作面，用后应擦拭干净，并涂上机油防锈。

图 1—31　划线平台

2. 划针

划针是在工件表面上划线的工具，通常用 ϕ3～5 mm 的弹簧钢或高速钢制成，一头或两头磨成 10°～20°的尖角，并经淬火硬化，如图 1—32 所示。为保持其锋利坚韧，提高其耐磨性，许多划针的尖端部位焊有硬质合金。

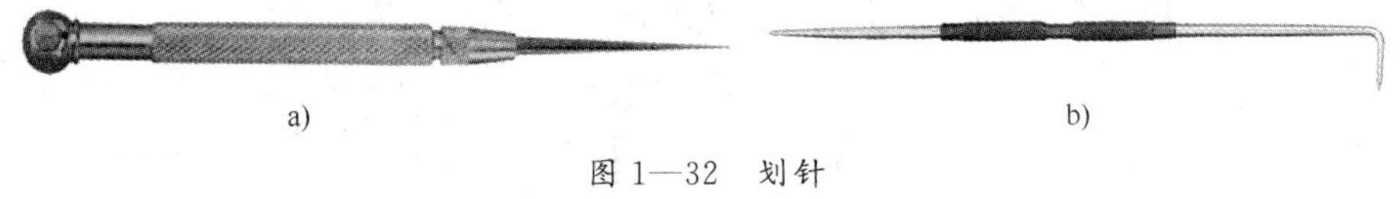

a)　　b)

图 1—32　划针

a）高速钢直划针　b）钢丝弯头划针

带弯头的划针，其弯头端一般用于定位，直头端用来划线。

用划针进行划线时应保持正确的角度：划针与钢直尺导向面之间保持 15°～20°夹角，如图 1—33a 所示；划针应向其拖动方向倾斜，并与工件表面之间保持 45°～75°夹角，如图 1—33b所示。若按图 1—33c 所示进行划线操作，将产生较大的误差。

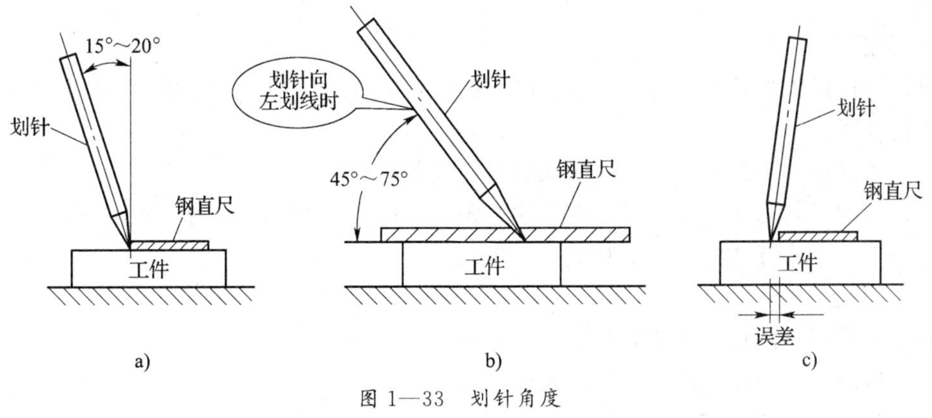

a)　　b)　　c)

图 1—33　划针角度

3. 钢直尺

钢直尺在划线时有三个作用：量取定长；测量工件尺寸；作为划直线时的导向工具，分别如图 1—34a、图 1—34b 和图 1—34c 所示。

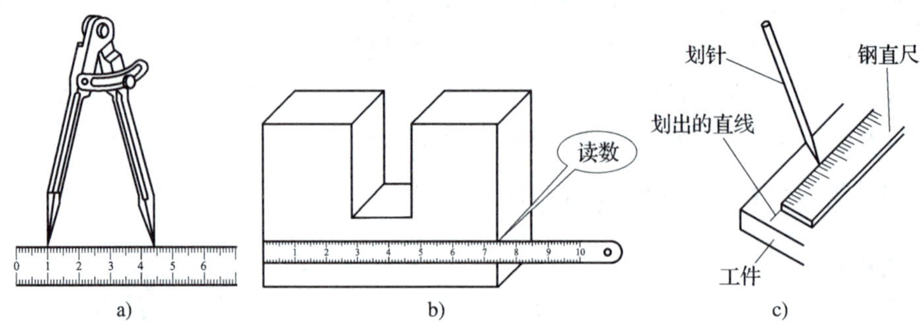

图 1—34　钢直尺在划线时的作用

4. **划规**

划规的外形如图 1—35 所示，其作用是划圆和圆弧、等分线段、等分角度以及量取尺寸等。

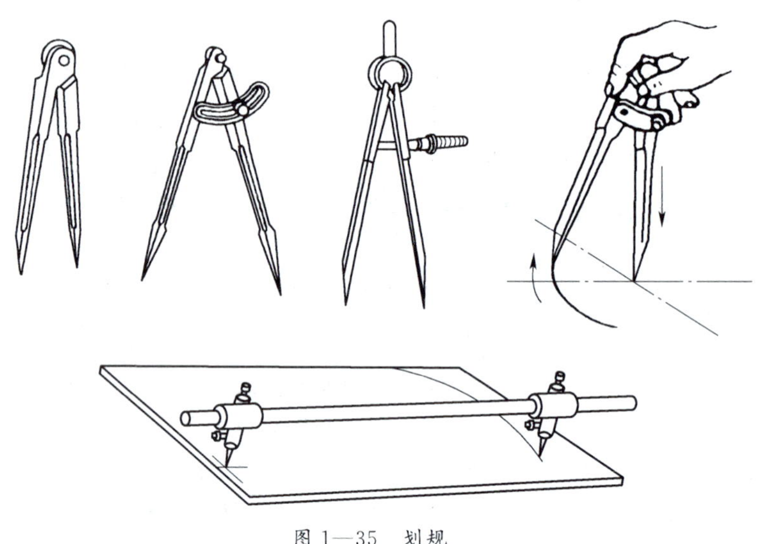

图 1—35　划规

使用划规时应注意以下几点：

（1）划规两脚的长短要磨得稍有不同，而且两脚合拢时脚尖应能靠紧，这样才可划出尺寸较小的圆弧。

（2）划规的脚尖保持尖锐，以保证划出的线条清晰。

（3）用划规划圆时，作为旋转中心的一脚应加以较大的压力，另一脚则应以较小的压力在工件表面上划出圆或圆弧，以避免中心滑动。

5. **划线盘**

划线盘是带有划针的可调划线工具，其外形如图 1—36 所示。

用划线盘进行划线时应注意以下问题：

（1）划针应尽量处于水平位置，不要倾斜太大，划针伸出部分应尽量短些，并要牢固地夹紧，以避免划线时产生震动和尺寸变动。

（2）划线盘在移动时，底座底面始终要与划线平台平面贴紧，不要摇晃或跳动。

（3）划较长直线时宜采用分段划线法，避免在划线过程中由于划针的移动造成划线误差。

（4）划线盘用完后应使划针处于直立状态，以保证安全和减小所占空间。

6. 游标高度卡尺

游标高度卡尺也是划线的常用工具，它既可以测量高度，又可以直接用量爪划线，如图1—37所示。其划线精度高，使用方便。

图1—36 划线盘

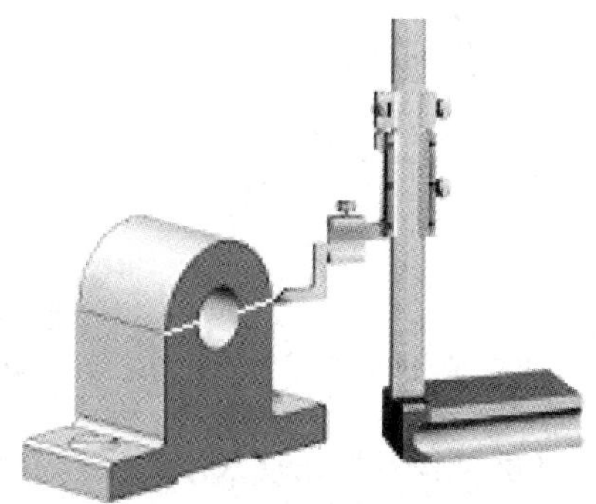

图1—37 游标高度卡尺

7. 样冲

样冲的外形如图1—38所示，用于在工件所划加工线上打样冲眼（冲点），作为界线标志（称检验样冲眼）和作为划圆弧或钻孔时的定位中心（称中心样冲眼）。样冲一般用工具钢制成，尖端处淬硬，其顶尖角度用于加强界线标志时大约为40°，用于钻孔定中心时取60°。

冲点须知：

（1）先将样冲外倾使尖端对准线的正中，然后再将样冲立直冲点，如图1—39所示。

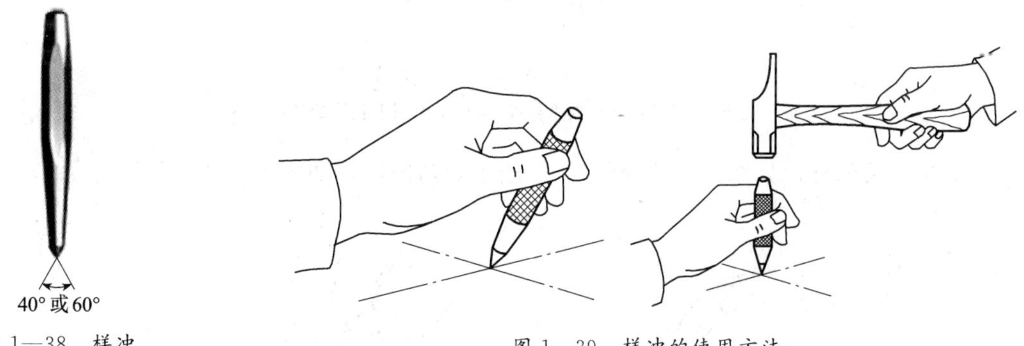

图1—38 样冲

图1—39 样冲的使用方法

（2）冲点位置要准确，不可偏离线条，如图1—40所示。

（3）在曲线上冲点距离要小些，如直径小于20 mm的圆周线上应有四个冲点，直径大于20 mm的圆周线上应有八个以上冲点。

（4）在直线上冲点距离可大些，但短直线至少应有三个冲点。

（5）在线条的交叉转折处必须冲点。

（6）冲点的深浅要掌握适当，在薄壁或光滑表面上冲点要浅些，粗糙表面上要深些。

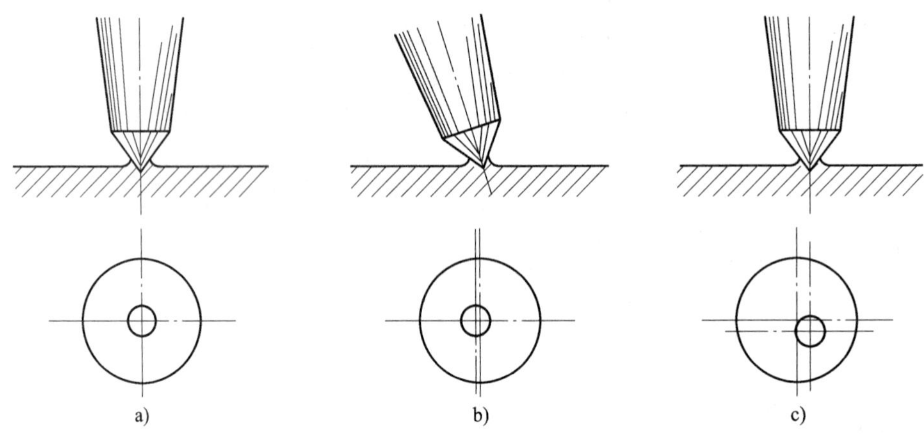

图 1—40　样冲眼位置

a）正确　b）不垂直　c）偏心

8. 直角尺和万能角度尺

直角尺的外形如图 1—41a 所示，主要用于在划线时作为划平行线或垂直线的导向工具，也可用来找正工件平面在划线平台上的垂直位置，如图 1—41b 和图 1—41c 所示。

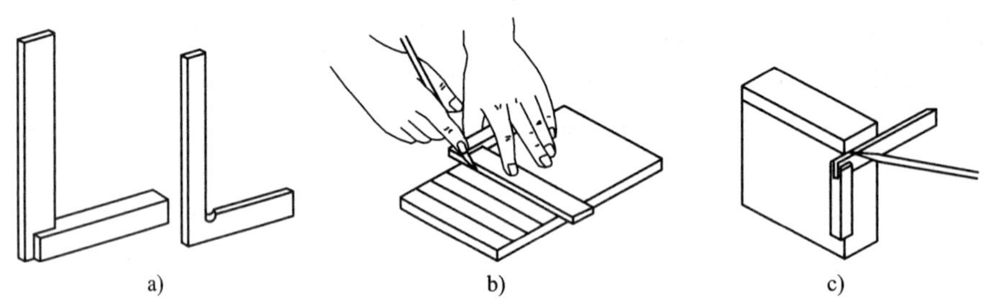

图 1—41　直角尺及其使用

a）直角尺的外形　b）划平行线　c）作为划垂直线的导向工具

万能角度尺的外形如图 1—42a 所示，常用于划角度线，如图 1—42b 所示。

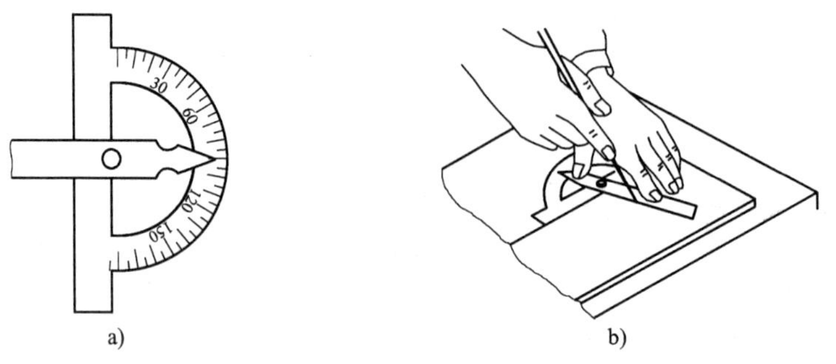

图 1—42　万能角度尺及其使用

a）万能角度尺的外形　b）划角度线

三、划线基准

1. 设计基准和划线基准

图样上所用的基准称为设计基准，划线时所用的基准称为划线基准。划线基准应与设计基准一致，并且划线时必须先从基准线开始，也就是说先确定好基准线的位置，然后依次划出其他形面的位置线及形状线，这样可以减少不必要的尺寸换算，使划线方便、准确。

2. 基准线的确定

在图样上有很多线条及与之对应的尺寸，究竟哪个为设计基准呢？由于设计基准总是工件主要形面的位置线或与其相关尺寸最多的线（面），因此，只要根据工件形状及图样上的尺寸关系认真分析，就可得出设计基准，并以此作为划线基准。例如，经对图 1—43 所示的三个图样进行分析，图 a、图 b 和图 c 中分别选用一个平面和一条中心线为基准、两条中心线为基准、两个互相垂直的平面为基准。

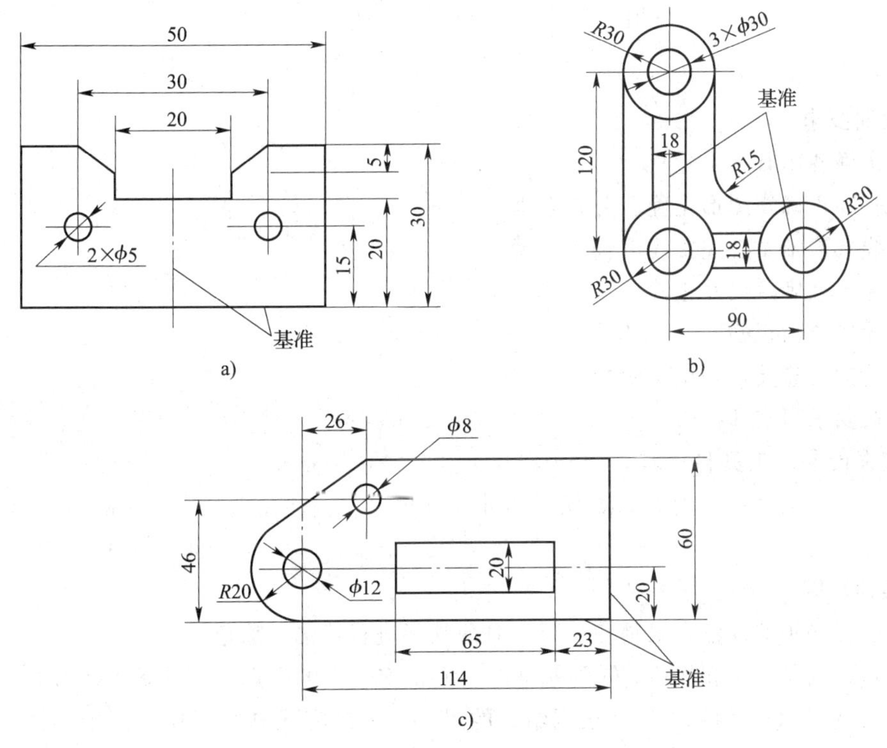

图 1—43　划线基准的确定

a）选用一个平面和一条中心线为基准　b）选用两条中心线为基准　c）选用两个互相垂直的平面为基准

平面划线时的基准比较简单，一般只要确定好两条互相垂直的基准线，就能把平面上所有形面的相互关系确定下来。

四、平面划线实训

1. 图样（见图 1—44）

2. 实训内容

按图样在薄铁板上进行平面划线，并在规定时间内完成。

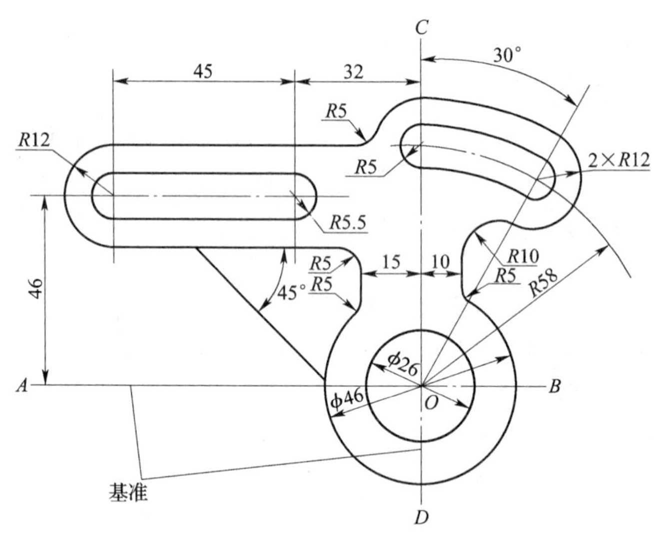

图 1—44　平面划线实训图样

3. **实训要求**

（1）正确使用有关工量具。

（2）基准正确，图形正确、分布合理。

（3）线条清晰，各连接线流畅、圆滑。

（4）冲点准确，尺寸正确。

（5）操作步骤正确。

（6）爱护工量具，安全文明操作。

（7）按要求写实训报告。

4. **实训设备、工具和材料**

划线平台、钢直尺、划针、划规、样冲、直角尺、万能角度尺、120 mm×150 mm 薄铁板。

5. **实训步骤**

（1）准备好实训设备、工具和材料，对薄铁板进行清洁并涂色。

（2）确定线段 AB 和线段 CD 为基准线，并确定它们的交点在薄铁板上的位置。

（3）以 AB、CD 为基准线，根据给定的尺寸，依次完成划线工作（图中不注尺寸，作图线可保留）。

（4）对图形和尺寸复检校对，确认无误后，在 ϕ26 mm 孔、尺寸 45 mm 的长形腰孔及 30°弧形腰孔的线条上打检验样冲眼。

6. **注意事项**

（1）为熟悉图形的作图方法，实习操作前可进行一次纸上练习。

（2）必须正确掌握划线工具的使用方法及划线动作。

（3）学习的重点是如何才能保证划线尺寸的准确性、划出的线条细而且清楚以及冲点的准确性。

（4）工具要合理放置。要把左手用的工具放在作业件的左边，右手用的工具放在作业件的右边，并要整齐、稳妥。

（5）任何工件在划线后，都必须进行一次仔细的复检校对工作，避免差错。

7. 考核标准（见表1—2）

表1—2　　　　考核标准

班级		姓名		学号		成绩	
课题名称	平面划线实训			实训时间			
项目	评分标准					配分	
工量具使用	正确	基本正确	不正确			10	
	8～10	6～7	0～5				
图形分布	合理	基本合理	不合理			10	
	8～10	6～7	0～5				
划线线条	清晰	一般	不清晰			10	
	8～10	6～7	0～5				
弧线连接	圆滑	一般	不圆滑			10	
	8～10	6～7	0～5				
尺寸	正确	有小错误	错误较多			10	
	8～10	6～7	0～5				
冲点	位置准确，形状正确	有小问题	多处有错			10	
	8～10	6～7	0～5				
完成课题	按时、独立	基本按时、独立	不按时、不独立			10	
	8～10	6～7	0～5				
工量具保养	好	一般	差			5	
	5	3～4	0～2				
安全文明操作	好	一般	差			5	
	5	3～4	0～2				
实训报告	认真	较认真	不认真			20	
	16～20	11～15	0～10				

课题三　锯　　削

学习目的

1. 了解锯削基本知识和基本工艺。
2. 初步掌握锯削的操作方法。

一、锯削工具和技能

1. 手锯

锯削是利用手锯对材料或工件进行切断或切槽的加工方法，是钳工操作的基本技能之一。手锯是锯削加工的主要工具。

（1）手锯的结构

手锯由锯弓和锯条两部分组成。其中，锯弓是用来夹持和拉紧锯条的工具，有固定式和可调式两种，如图 1—45 所示。固定式锯弓只使用一种规格的锯条。可调式锯弓弓架由两段组成，可使用几种不同规格的锯条。

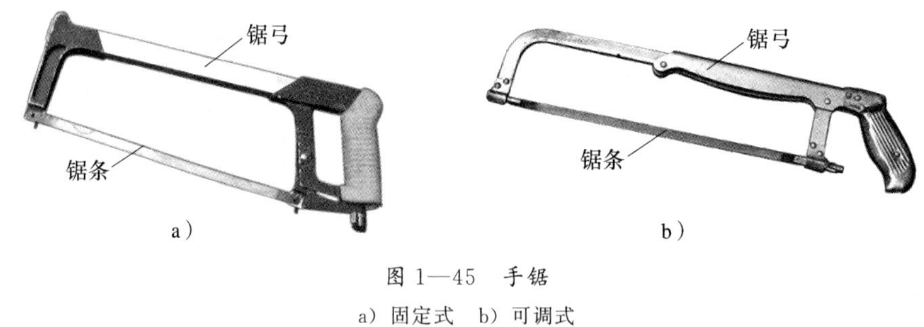

图 1—45　手锯

a）固定式　b）可调式

锯条的外形如图 1—46 所示，工作面是连续的锯齿，它一般以渗碳钢冷轧制成，经热处理淬硬，锯条的长度以两端安装孔中心距为标准，钳工常用 300 mm 的锯条。

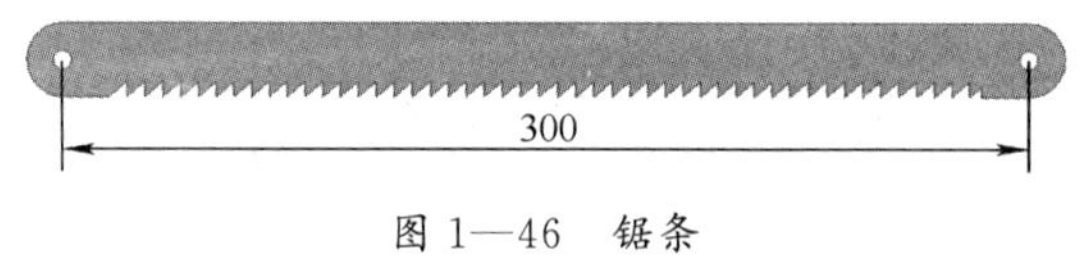

图 1—46　锯条

（2）锯条的形状特点

锯条的切削部分是由许多锯齿组成的，锯齿的形状如图 1—47a 所示。为了减小锯缝两侧面对锯条的摩擦阻力，避免锯条被夹住或折断，在制造锯条时，让锯齿按一定规律左右错开，排列成交叉形状或波浪形状的“锯路”，如图 1—47b、c 所示。锯路的存在可使工件上的锯缝宽度大于锯条的厚度，减小工作时的摩擦。

锯齿的粗细是以锯条每 25 mm 长度内的齿数来表示的，有 14、18、24 和 32 等几种。14～18 个齿的为粗齿锯条，24～32 个齿的为细齿锯条。

2. 锯条的选用

粗齿锯条的容屑槽较大，适用于锯削软材料和较厚、较大的表面，因为此时每锯削一次的铁屑较多，容屑空间大就不致产生堵塞而影响切削效率。

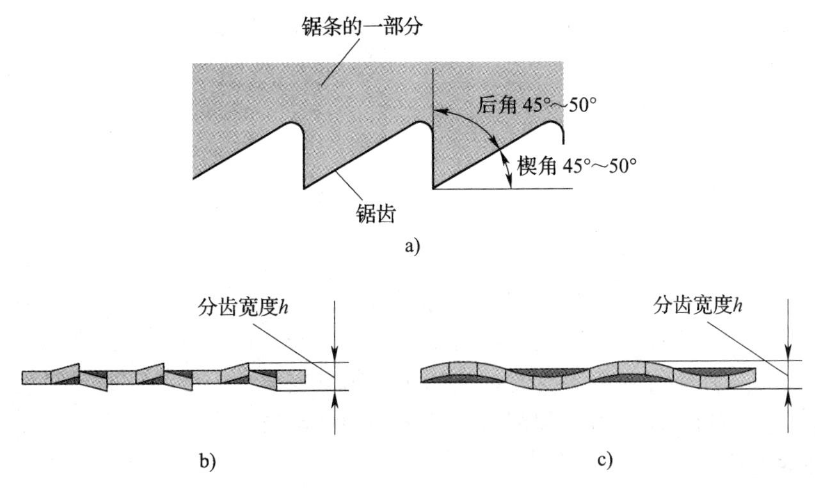

图 1—47　锯条结构

a）锯齿形状和角度　b）锯齿交叉排列　c）锯齿波浪排列

细齿锯条适用于锯削硬材料，因硬材料不易锯入，每锯削一次的铁屑较少，不会堵塞容屑空间。而锯齿增多后，可使每齿的锯削量较少，材料容易被切除，故推锯过程比较省力，锯齿也不易磨损。在锯削管子或薄板时必须使用细齿锯条，否则锯齿很容易被钩住以致崩断。严格来说，薄壁材料的锯削截面上至少有两齿同时参加锯削，才能避免锯齿被钩住和崩断的现象。

3. 锯削的姿势

（1）手锯的握法

锯削时，手锯的握法为右手满握锯柄，左手轻握在锯弓前端，如图 1—48 所示。锯削时的站位和姿势要正确，左脚跨前半步，膝盖稍弯曲，右脚站稳伸直，保持自然。锯削时推力和压力由右手控制，左手主要配合右手扶正锯弓，压力不要过大。手锯推出时为切削行程，应施加压力，返回行程不切削，不加压力，自然拉回。

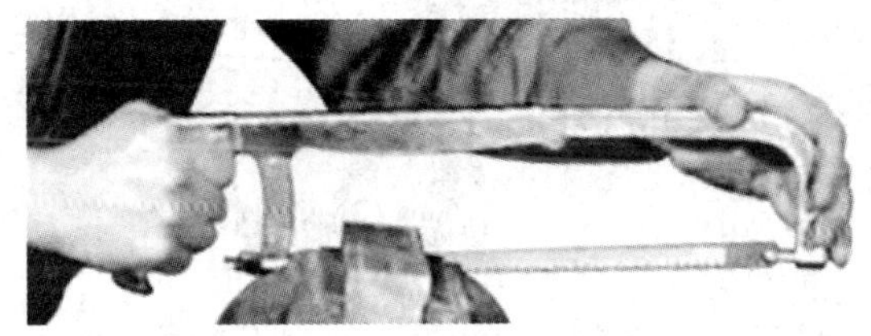

图 1—48　手锯的握法

（2）锯削姿势

锯削姿势主要有直线式运动和上下摆动式运动两种。锯削运动的速度一般为每分钟 40 次左右，锯削硬材料时应慢些。同时，锯削行程应保持均匀，返回行程的速度应相对快些。

对锯缝底部要求平直的锯削，必须采用直线式运动。采用小幅度的上下摆动式运动时，推进时身体略向前倾，双手压向手锯，左手上翘，右手下压，回程时右手上抬，左手自然跟回。

4. 锯削步骤

（1）锯条的安装

安装锯条时必须注意安装方向，因为手锯在向前推进时才起到切削作用，所以应将齿尖的方向朝前，如图 1—49a 所示。如果方向相反，如图 1—49b 所示，则锯齿的前角为负值，就不能正常锯削。

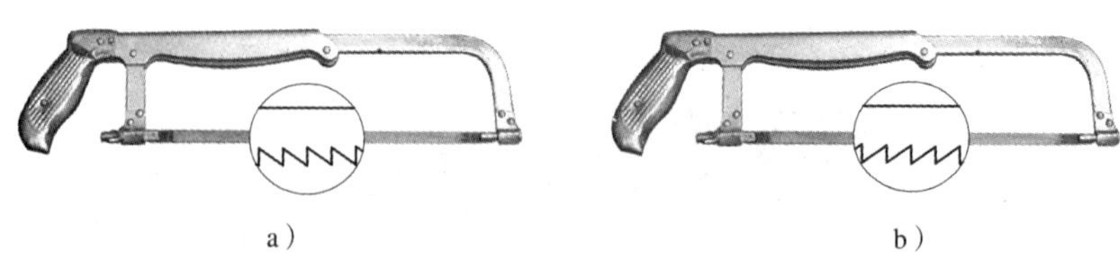
a） b）

图 1—49 锯条的安装
a）正确 b）错误

锯条的松紧也要控制适当，翼形螺母不宜旋得太紧或太松。太紧时锯条受力太大，在锯削时用力稍有不当就会折断；太松则锯削时锯条容易扭曲，也易折断，而且锯出的锯缝容易歪斜。其松紧程度以用手扳动锯条感觉硬实即可。锯条安装后，要保证锯条平面与锯弓中心平面平行，不得倾斜和扭曲，否则锯削时锯缝极易歪斜。

（2）工件的夹持

工件一般应夹装在台虎钳的左边，锯口应靠近钳口，以免工件在锯削时颤动。锯缝线所在平面要与钳口侧面保持平行，使锯缝线所在平面与铅垂线方向一致，以便于控制锯缝不偏离划线线条。此外，还应避免将工件已加工表面夹坏。

（3）起锯

起锯是锯削工件的开始。起锯时以左手拇指靠住锯条，右手稳推手柄，起锯角度稍小于15°。起锯分为远边起锯和近边起锯两种，如图 1—50 所示。起锯的角度过大，锯齿易崩落；起锯的角度过小，则不易切入。另外，起锯时行程要短，压力要小。

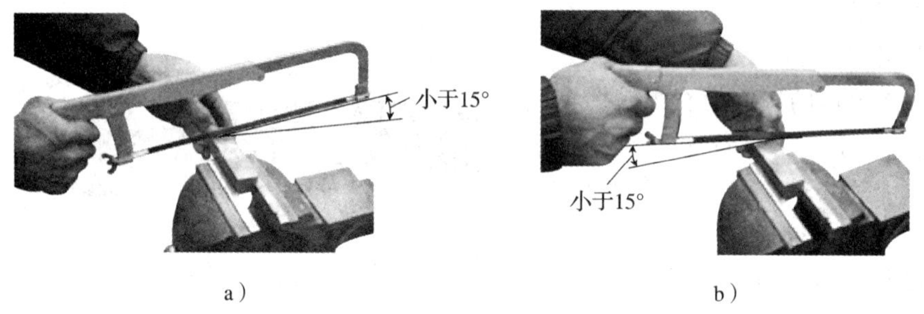

a） b）

图 1—50 起锯的方法
a）远边起锯 b）近边起锯

（4）收锯

在即将锯到位时，用力要小，速度要慢。对需锯断的工件，还要用左手扶住断开部分，以防止折断锯条或工件跌落造成事故。

5. 各种型材的锯削方法

（1）管材的锯削

管材在锯削前应划出垂直于轴线的锯削线，并把工件夹正。对于薄壁管材料或精加工过的管子，为防止将管子夹扁和夹坏表面，还应使用 V 形木衬垫，如图 1—51所示。

图 1—51 薄壁管材料或精加工过的管子的装夹

另外，锯削薄壁管材料时不可在一个方向从开始连续锯削到结束，否则锯齿容易被管壁钩住而崩裂。正确的方法是：先在一个方向锯削到内壁处，然后将管子向推锯方向转过一定角度，并接原锯缝锯削到管子内壁处，如此逐渐改变方向不断转锯，直到锯断为止。

（2）矩形截面的锯削

锯削矩形截面的工件时，应从宽部下锯，这样锯缝浅而长，并且整齐。

（3）深缝的锯削

当缝深达到或超过锯弓高度时，可采用图 1—52 所示方法进行锯削。

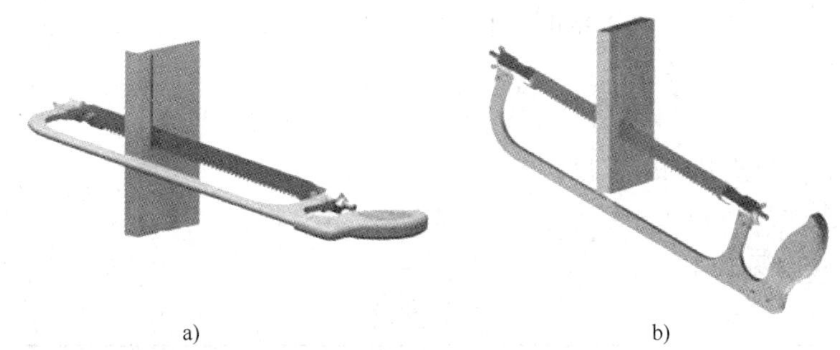

a)　　b)

图 1—52　锯削深缝时常用的操作方法

a）将锯条翻转 90°安装　b）将锯条翻转 180°安装

（4）薄板料的锯削

对薄板料的锯削采用图 1—53 所示方法。

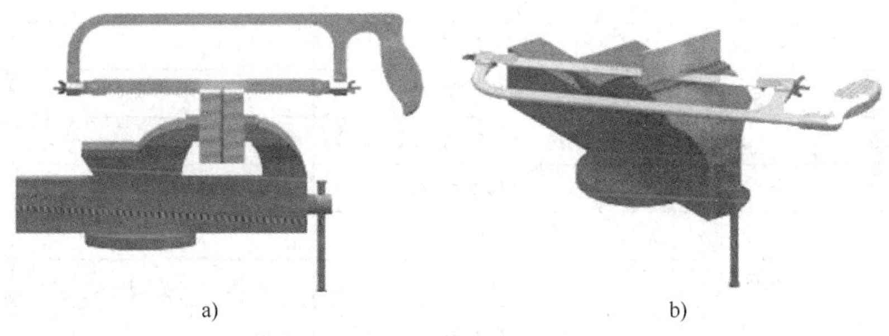

a)　　b)

图 1—53　薄板料的锯削方法

a）用两块木板夹持　b）装夹在台虎钳上用手锯锯削

二、锯削实训

1. 实训内容

使用手锯将 ϕ50 mm 圆钢型材锯削成长度分别为 10 mm、15 mm 和 30 mm 的圆饼，并在规定时间内完成。

2. 实训要求

（1）合理选用手锯，会安装锯条。

（2）起锯角度和起锯方法正确。

（3）锯削姿势正确，锯削中能及时纠偏。

（4）收锯方法正确。

（5）操作步骤正确。

（6）爱护工量具，安全文明操作。

（7）按要求写实训报告。

3. 实训设备、工具和材料

钳台、台虎钳、手锯、钢直尺、ϕ50 mm 圆钢型材。

4. 实训步骤

（1）按要求划出锯削线。

（2）选用粗齿锯条，并安装在锯弓上。

（3）将工件夹持在台虎钳上。

（4）锯削。

（5）用钢直尺检查断面平整度。

（6）卸下工件。

5. 考核标准（见表 1—3）

表 1—3　　考核标准

班级		姓名		学号		成绩	
课题名称	锯削实训				实训时间		
项目	评分标准						配分
划线	方法正确，尺寸准确，划线平直	基本正确		不正确			10
	8～10	6～7		0～5			
选用、安装锯条	正确	基本正确		不正确			10
	8～10	6～7		0～5			
工件夹持	正确	基本正确		不正确			10
	8～10	6～7		0～5			
起锯	正确	基本正确		不正确			10
	8～10	6～7		0～5			
锯削	正确	基本正确		不正确			10
	8～10	6～7		0～5			
收锯	正确	基本正确		不正确			10
	8～10	6～7		0～5			
断面平整度	好	一般		差			10
	8～10	6～7		0～5			
工量具保养	好	一般		差			10
	8～10	6～7		0～5			
安全文明操作	好	一般		差			10
	8～10	6～7		0～5			
实训报告	认真	较认真		不认真			10
	8～10	6～7		0～5			

课题四　钻孔、攻螺纹、套螺纹

学习目的

1. 了解钻孔、攻螺纹、套螺纹的设备和工具。
2. 了解钻孔、攻螺纹、套螺纹的基本知识和基本工艺。
3. 初步掌握钻孔、攻螺纹、套螺纹的操作方法。

一、钻孔

1. 钻孔设备和工具

钻孔设备主要有摇臂钻床、台式钻床、立式钻床以及手提式电钻、手枪式电钻，如图1—54所示。

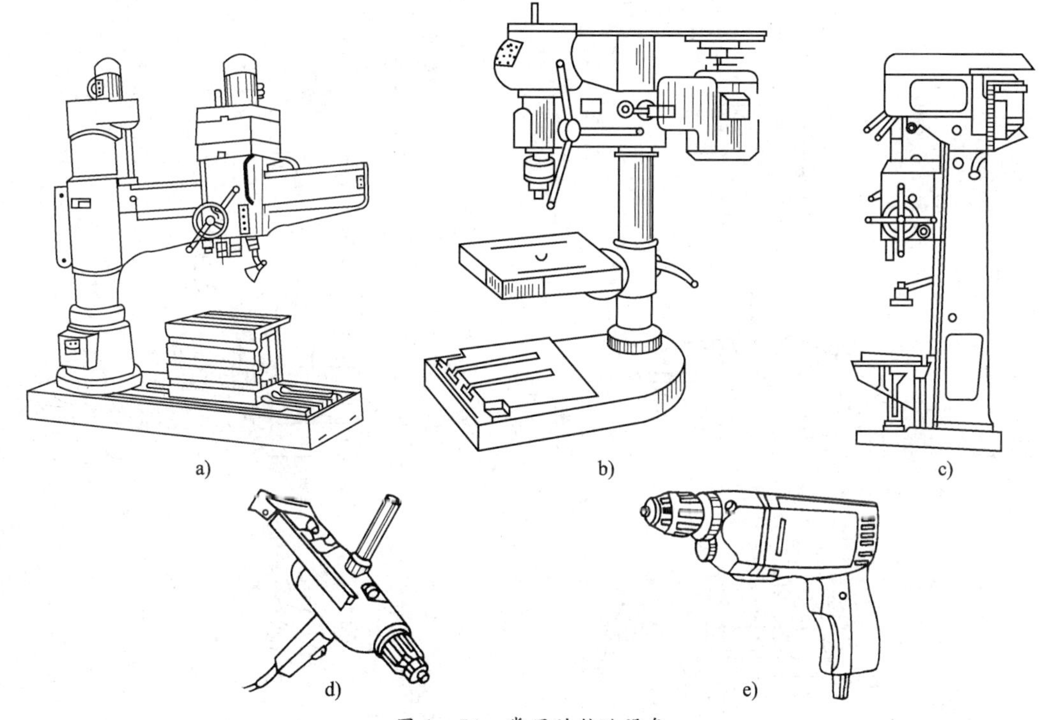

图1—54　常用的钻孔设备

a）摇臂钻床　b）台式钻床　c）立式钻床　d）手提式电钻　e）手枪式电钻

钳工常用的钻孔工具是麻花钻，它一般采用合金钢制成，并经淬火热处理后达到一定的硬度要求。麻花钻主要由钻体和钻柄组成，如图1—55所示。

2. 钻头的装拆

直柄钻头的装拆方法如图1—56所示。先将钻头柄塞入钻夹头的三只卡爪内，其夹持长度不能小于15 mm，然后用钻夹头钥匙旋转外套，使环形螺母带动三只卡爪移动，做夹紧或放松动作。

3. 待钻工件的装夹

待钻工件的装夹方法如图1—57所示。

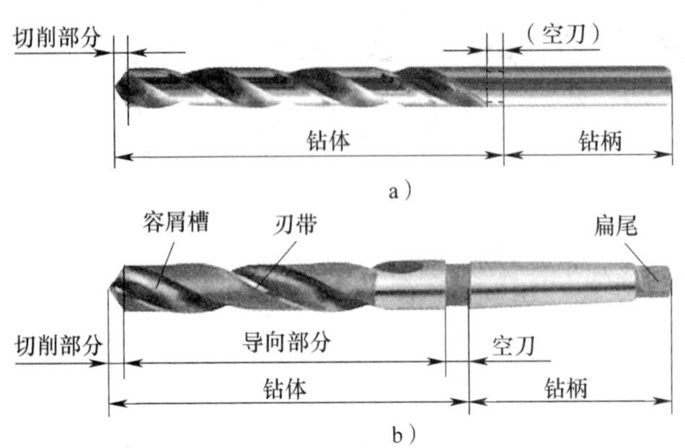

图 1—55　麻花钻的外形和结构

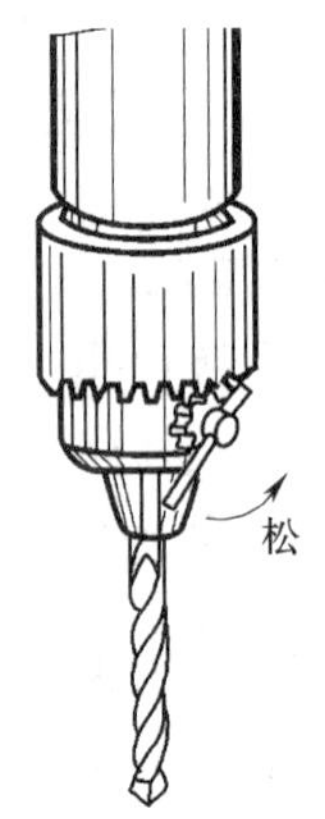

图 1—56　直柄钻头的装拆方法

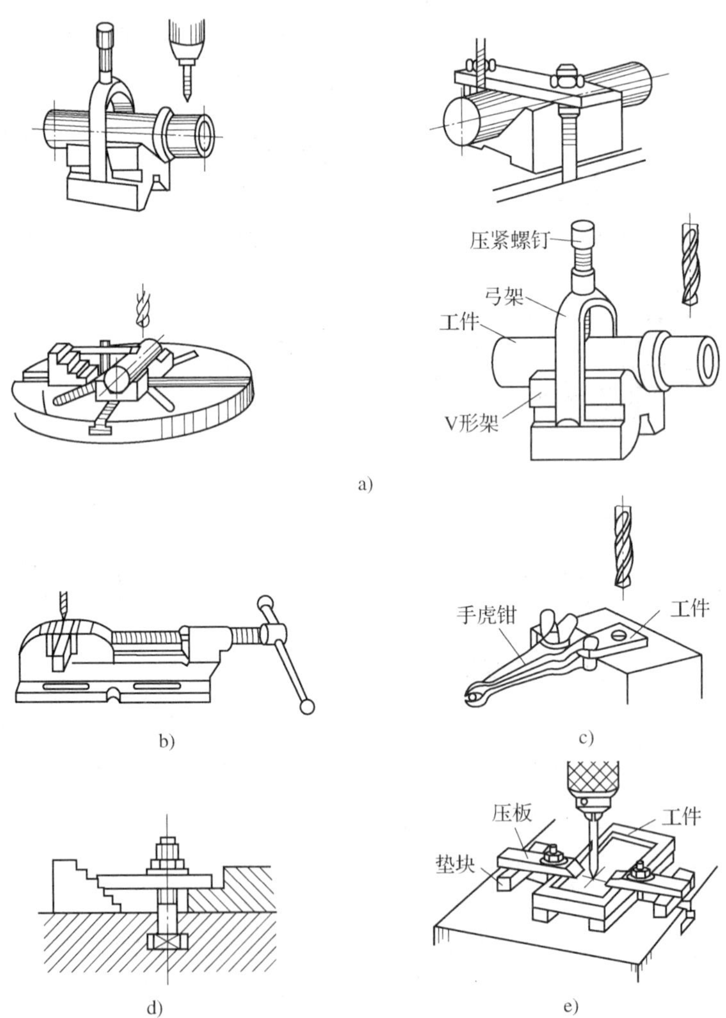

图 1—57　待钻工件的装夹方法

a）V 形架　b）平口钳　c）手虎钳　d）阶梯垫块　e）压板螺钉

4. **在平面工件上钻孔的操作方法和步骤**

（1）划线定心。

（2）在工件的待钻孔圆心上冲坑定位。

（3）起钻与校正。

钻孔时，先让钻头对准钻孔中心起钻出一个浅坑，观察钻孔位置是否准确，若有偏差，应在后续钻孔时不断予以校正，最终使起钻坑与划线的圆心重合。

校正的方法是：如偏位较少，可在校正的同时用力将工件向偏差的反方向推移，以得到逐步校正；如偏位较多，可在校正方向打上几个中心冲眼或用油槽錾錾出几条槽，以减少此处钻头的钻削阻力，达到校正目的。无论使用何种方法，都必须在锥坑外圆小于钻头直径之前完成校正，这是保证达到钻孔位置精度的重要一环。

（4）钻孔进给操作如图 1—58 所示。

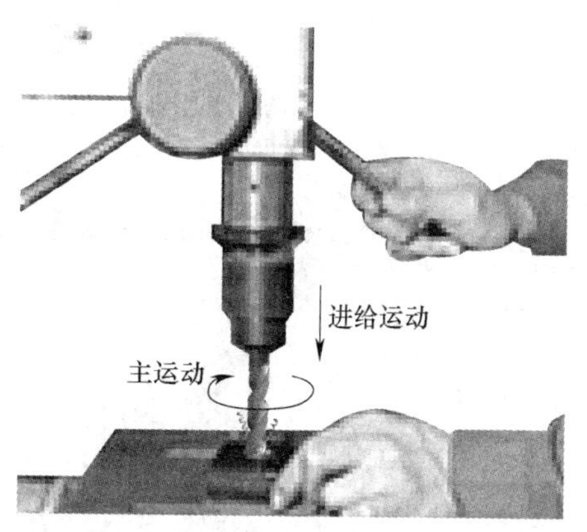

图 1—58　钻孔进给操作

5. **钻孔时切削用量的掌握**

钻孔时的切削用量是指切削速度、进给量和背吃刀量。掌握切削用量的目的，是保证加工表面粗糙度和精度，在保证钻头合理的耐用度的前提下，使生产效率最高，同时不超过机床的功率以及机床、刀具、工件、夹具等的强度和刚度。

钻孔时，由于背吃刀量由钻头直径决定，所以只需选择切削速度和进给量。一般选择原则是：用小钻头钻孔时，切削速度要快些，进给量要小些；用大钻头钻孔时，切削速度要慢些，进给量要适当大些。钻硬材料时，切削速度要慢些，进给量要小些；钻软材料时，切削速度要快些，进给量要大些。用小钻头钻硬材料时，可以适当减慢切削速度。

6. **钻孔时的安全注意事项**

（1）操作钻床时不可戴手套，袖口必须扎紧，女工必须戴工作帽。

（2）工件必须夹紧。

（3）开动钻床前，应检查是否有钻夹头钥匙或斜铁插在主轴上。

（4）钻孔时不可用手、棉纱或嘴吹来清除切屑，必须用毛刷或钩子清除。

（5）停车时应让主轴自然停止，不可用手制动，也不能用反转制动。

（6）严禁在开车状态下装拆工件、检验工件或变换主轴转速。

（7）清洁钻床或加注润滑油时，必须切断电源。

二、攻螺纹

攻螺纹是用丝锥在孔壁上切削出内螺纹的操作。

1. **攻螺纹工具**

（1）丝锥

丝锥是在孔内攻出内螺纹的一种刀具，其外形和结构如图 1—59 所示。手用丝锥的材质一般是合金工具钢，机用丝锥一般用高速钢制成。

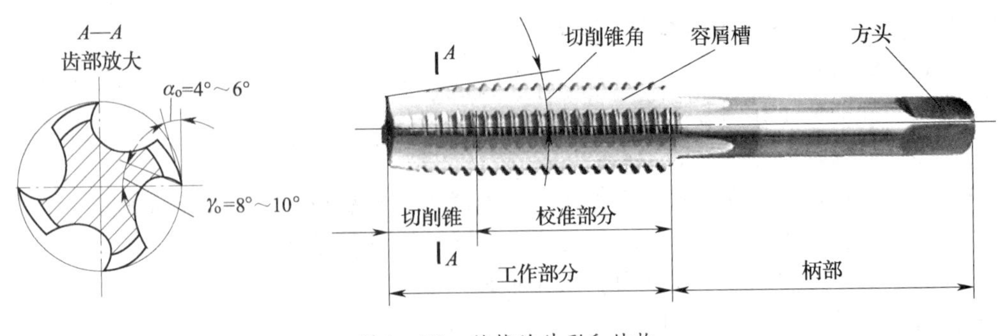

图 1—59　丝锥的外形和结构

（2）铰杠

铰杠是手工攻螺纹时用来夹持丝锥的工具，它有多种结构形式，如图 1—60 所示。

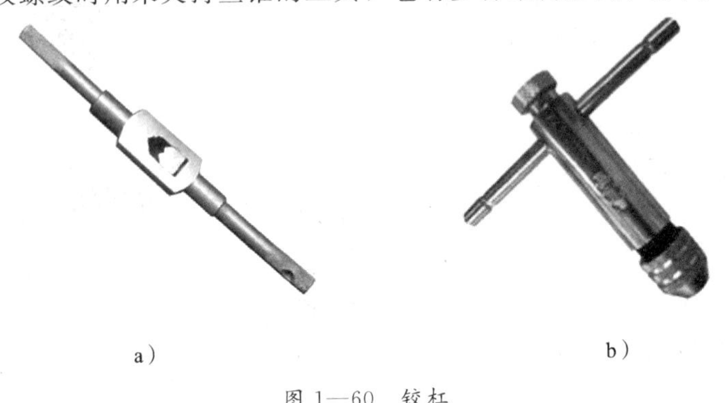

a）　　　　b）

图 1—60　铰杠

a）普通活络铰杠　b）丁字形活络铰杠

2. 攻螺纹的步骤和方法

（1）钻底孔

攻螺纹前要先在工件上钻好底孔并倒角，便于丝锥开始切削时容易切入。所钻的底孔直径应略小于丝锥内径，普通螺纹底孔直径可用以下经验公式计算：

$$D_{底}=D-1.05P \text{（脆性材料）}$$

$$D_{底}=D-P \text{（韧性材料）}$$

式中　$D_{底}$——底孔直径，mm；

D——螺纹大径，mm；

P——螺距，mm。

（2）装夹

将工件装夹在台虎钳上，使孔口表面与台虎钳平行，将丝锥的方榫插入铰杠并拧紧。

（3）攻螺纹

将装上铰杠的丝锥插入底孔，使丝锥垂直于孔口表面，右手握住铰杠中部，并适当施压，左手握住铰杠柄部顺时针旋转，如图 1—61a 所示。也可用两手握住铰杠两端均匀施加压力，并将丝锥顺时针旋转，如图 1—61b 所示。

在将丝锥攻入孔内 1～2 圈后，应及时将铰杠卸下，将直角尺放置于工件被加工表面，从四周检查丝锥与工件表面的垂直度，如图 1—62 所示。若发现丝锥有倾斜，应在后续攻螺

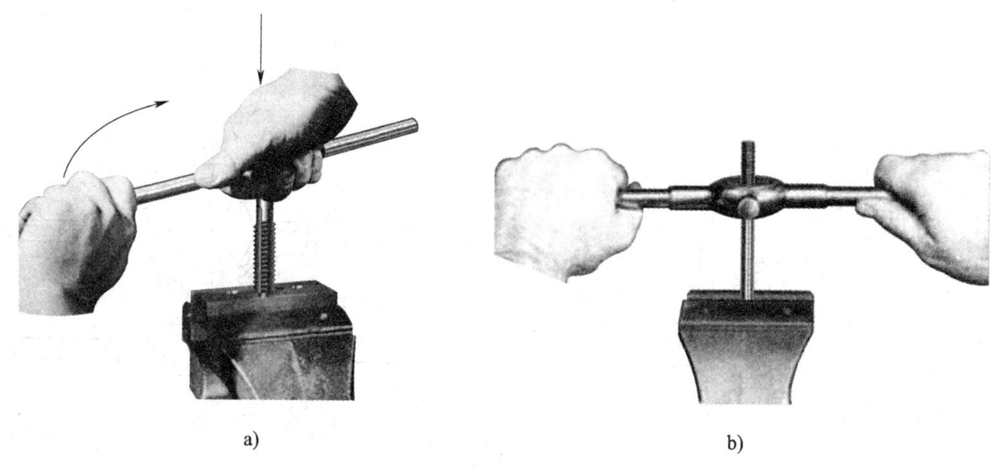

a)　　b)

图 1—61　攻螺纹方法

a）单手施压攻螺纹　b）双手施压攻螺纹

纹中加以校正，并经常检查垂直度。

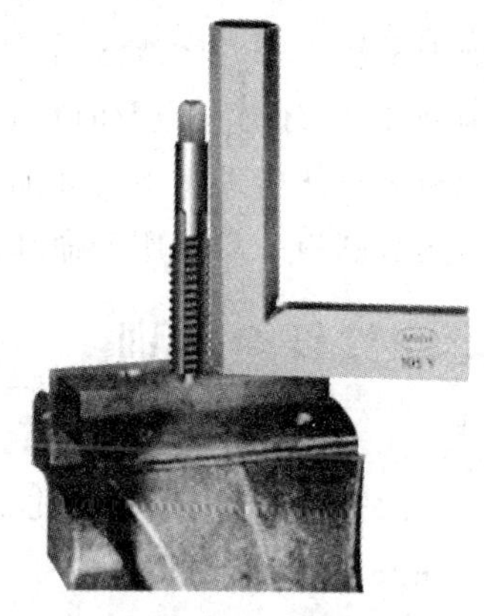

图 1—62　用直角尺检查丝锥是否倾斜

攻螺纹时，每旋转 1～2 圈要倒旋约 1/4 圈，以排出铁屑，避免阻塞而卡住丝锥。

三、套螺纹

套螺纹是用圆板牙在圆杆或管子上切削出外螺纹的操作。

1. 套螺纹工具

（1）圆板牙

圆板牙是切削外螺纹的刀具，如图 1—63 所示。常用的圆板牙，结构就像一个圆螺母，在它上面钻有几个排屑孔并形成切削刃。圆板牙的切削部分是两端的锥角（2ϕ）部分，是圆锥面，而且是经过铲磨形成的阿基米德螺旋面，形成后角 α（7°～9°）。锥角的大小一般是 20′～25′。圆板牙的中间一段是校准部分，也是套螺纹时的导向部分。

（2）圆板牙铰杠

圆板牙铰杠结构如图 1—64 所示，在圆周上共有五个螺钉，下面两个紧固螺钉用来固定圆板牙，上面两侧紧固螺钉可使圆板牙尺寸缩小，中间螺钉可顶在圆板牙V形槽内，使圆板牙尺寸增大。

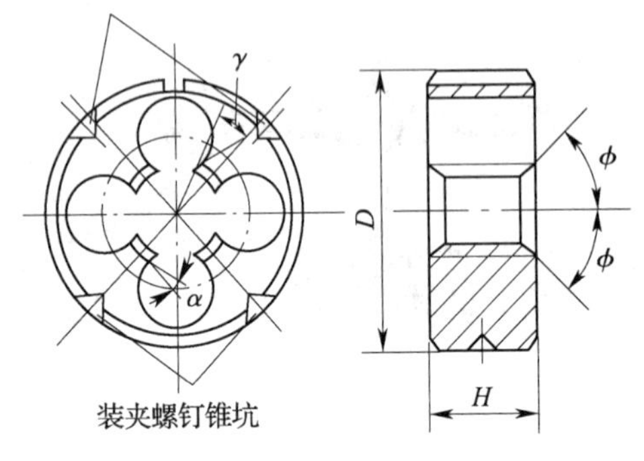

图1—63　圆板牙

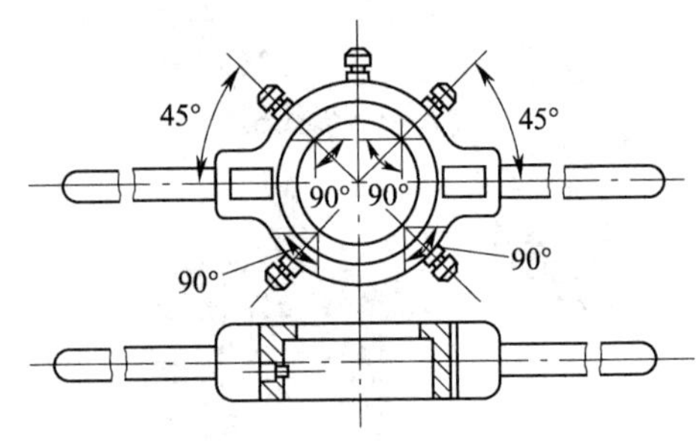

图1—64　圆板牙铰杠

2. 套螺纹的步骤和方法

（1）用V形木块或厚铜衬作衬垫，将工件夹持在台虎钳上。

（2）起套时，一手用手掌按住圆板牙架中部，沿圆杆轴向施压，另一手配合做顺时针切进，转动要慢，压力要大，并保证不歪斜。在套螺纹过程中，应经常倒转1/4～1/2圈，以利于断屑和排屑。在圆板牙切入圆杆2～3牙时，应及时检查垂直度。

（3）正常套螺纹时，为了将圆板牙自然引进，不要施加压力。

（4）套螺纹时要加切削液，以延长圆板牙的使用寿命和减小加工螺纹的表面粗糙度值。

四、钻孔、攻螺纹、套螺纹综合实训

1. 实训内容

（1）在40 mm×40 mm×28 mm的长方形工件上钻孔、攻螺纹。

（2）截取长100 mm、直径10 mm的圆钢套螺纹。

2. 实训要求

（1）要求钻孔、攻螺纹、套螺纹方法正确。

（2）操作步骤正确。

（3）爱护工量具，安全文明操作。

（4）按要求写实训报告。

3. 实训设备、工具和材料

钳台，台虎钳，立钻，直柄钻头，丝锥，铰杠，圆板牙，圆板牙铰杠，钢直尺，游标卡尺，划针，40 mm×40 mm×28 mm钢质工件毛坯，长100 mm、直径10 mm的圆钢。

4. 实训步骤

（1）严格按钻孔要求，在40 mm×40 mm×28 mm钢质工件毛坯上划线定心、冲坑定位、起钻打上ϕ8.5 mm底孔。

（2）严格按攻螺纹要求，在打好底孔的钢质工件毛坯上攻M10螺纹。

（3）严格按套螺纹要求，在直径10 mm的圆钢段上套M10螺纹。

5. 考核标准（见表 1—4）

表 1—4　　考核标准

班级		姓名		学号		成绩	
课题名称	钻孔、攻螺纹、套螺纹综合实训				实训时间		
项目	评分标准						配分
钻孔	正确		基本正确		不正确		20
	16～20		11～15		0～10		
攻螺纹	正确		基本正确		不正确		20
	16～20		11～15		0～10		
套螺纹	正确		基本正确		不正确		20
	16～20		11～15		0～10		
工量具保养	好		一般		差		10
	8～10		6～7		0～5		
安全文明操作	好		一般		差		10
	8～10		6～7		0～5		
实训报告	认真		较认真		不认真		20
	16～20		11～15		0～10		

思考与练习

一、填空题

1. 台虎钳是用来________的通用夹具，其规格用钳口的______表示。台虎钳一般有______式和______式两种。

2. 钢直尺是钳工操作中最常用和最基本的______检测量具，有时还用于对一些要求较低的工件表面进行__________的检查。

3. 在使用钢直尺进行测量读数时，应注意视线要与测量区平面______，视点落在________。

4. 千分尺又称__________，也是一种长度检测量具，但精度比游标卡尺更______。千分尺按用途和结构可分为______千分尺、______千分尺和______千分尺等。

5. 千分尺测微螺杆的螺纹间距为______ mm。当微分筒转一周时，测微螺杆就移动______ mm，微分筒前端圆锥面的圆周上等弧长地刻上______条直线，微分筒每转动一格，测微螺杆就移动________ mm，因而千分尺的分度值为______ mm。

6. 水平仪通常有______式和______式两种，主要用来检验各种机械设备导轨的______度、机件相对位置的______度等。

7. 用划针进行划线时应保持正确的角度：划针与钢直尺导向面之间保持________夹角；

划针应向其拖动方向倾斜，并与工件表面之间保持________夹角。

8. 图样上所用的基准称为______基准，划线时所用的基准称为______基准。

9. 锯削是利用______对材料或工件进行______或______的加工方法。

10. 钳工常用的钻孔工具是______，它一般采用______钢制成，并经______处理后达到一定的硬度要求。

11. 丝锥是在孔内攻出______的一种刀具。手用丝锥的材质一般是________钢，机用丝锥一般用______钢制成。铰杠是手工攻螺纹时用来________的工具。

12. 套螺纹是用______在圆杆或管子上切削出______的操作。______是切削外螺纹的刀具。

二、简答题

1. 什么是钳工？

2. 游标卡尺的读数分哪三步进行？

3. 千分尺的读数分哪三步进行？

4. 什么是划线？划线分为哪两种？划线的作用是什么？

5. 钢直尺和划规在划线时各有什么作用？

6. 锯削时如何根据实际情况选择不同的锯条？

第二单元　制冷管道加工技术及训练

目前，绝大多数制冷设备都属于液体汽化法制冷设备。这些设备的制冷系统多为用金属管道制成的部件，这些部件之间也都用金属管道相连。因此，大多数制冷设备在部件的生产制造、系统的组装和使用维修中都离不开对金属管道的加工。本单元将在介绍制冷系统常见管道的加工工具、加工工艺的基础上，引导同学们进行管道加工技能训练。

课题一　割管与倒角

学习目的

1. 了解割刀的用途，熟悉两种制冷用割刀的外形和结构。
2. 掌握割刀的使用方法，明确使用注意事项。
3. 能用割刀割取不同管径、不同长度的管子。
4. 了解倒角器的用途，会正确使用倒角器。

一、割管

1. 割刀

割刀是相变制冷设备部件在生产、安装和维修过程中专门用来切割铜管、铝管和铁管的工具。对于房间空调器和家用电冰箱等小型制冷设备而言，常用的割刀有大割刀和小割刀两种，分别如图 2—1a、b 所示。割刀主要由支架、进给手轮、伸缩杆、滚轮刀片和导轮等组成。大割刀切割管子的直径范围为 5～30 mm，小割刀切割管子的直径范围为 5～16 mm。用大割刀切割管子时省力方便，但因其回旋半径较大，所以要求有足够的操作空间。当因割

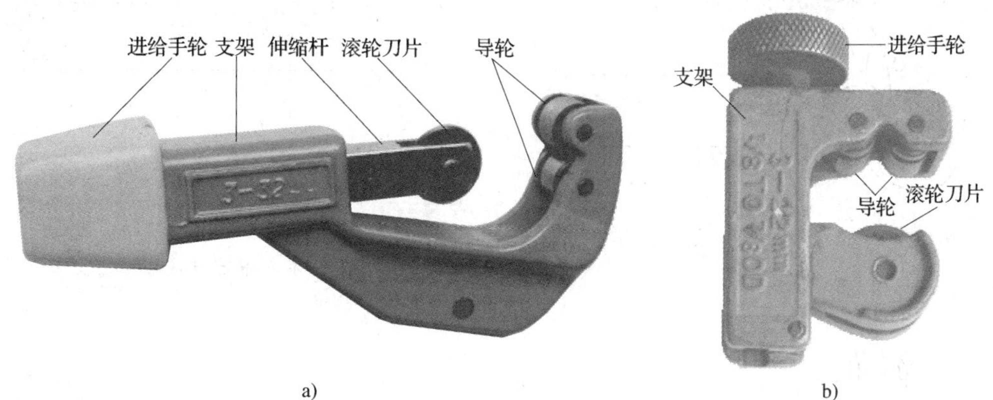

图 2—1　制冷用割刀

a）大割刀　b）小割刀

管现场条件限制、回旋空间较小时，只能使用小割刀。

2. 割管的方法和步骤

（1）在管子外壁的待割处刻划上记号。

（2）逆时针旋转割刀进给手轮，使导轮与滚轮刀片之间张开的距离略大于被割管子的外径，以保证割管时管子能嵌入，如图 2—2 所示。

（3）将管子嵌入割刀，并尽可能使割刀开口朝上或朝外，以便能够看清记号，如图2—3 所示。

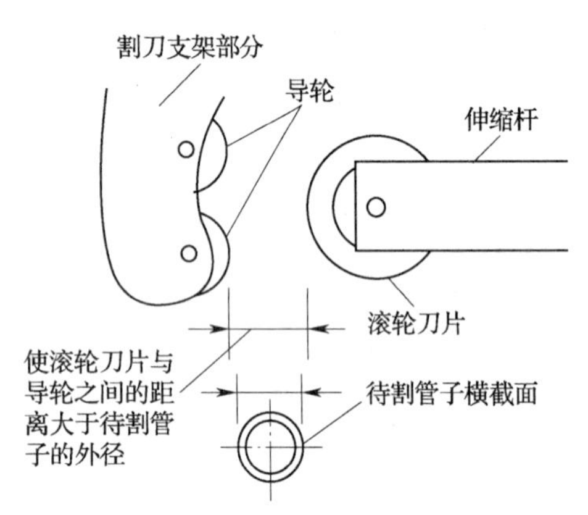

图 2—2　割刀张口应略大于管子外径

图 2—3　割刀开口朝上或朝外

（4）调整割刀横向位置，在滚轮刀片对准切割处后，让管子一侧靠牢两导轮。然后顺时针旋动进给手轮，使滚轮刀片逐渐靠近并轻微抵住管子，如图 2—4 所示。

（5）将割刀绕管子转动 1 圈，若未见偏移，则顺时针旋动进给手轮 1/4～1/2 圈后，再将割刀绕管子转动 2～4 圈，重复若干次，直至管子割断，如图 2—5 所示。

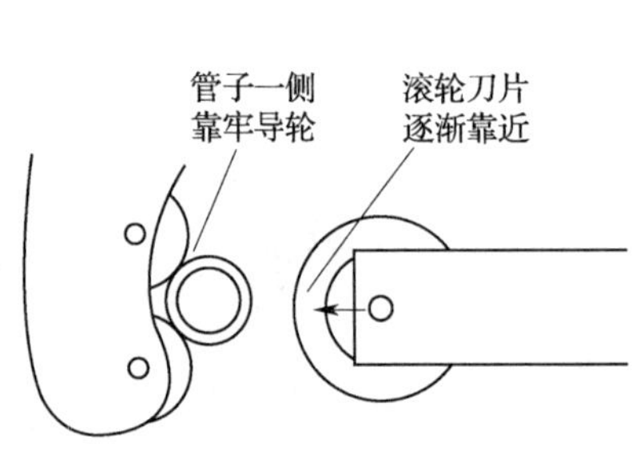

图 2—4　割刀滚轮刀片逐渐靠近管子

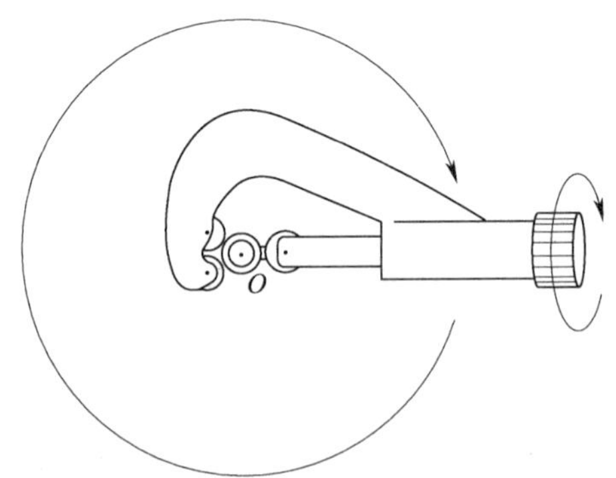

图 2—5　在割刀绕管子转动的同时，不断推进刀片切入管壁

二、倒角

经割刀切割后的铜管切口处会发生向内收缩、内外径都变小的卷边现象，如图 2—6 所示。

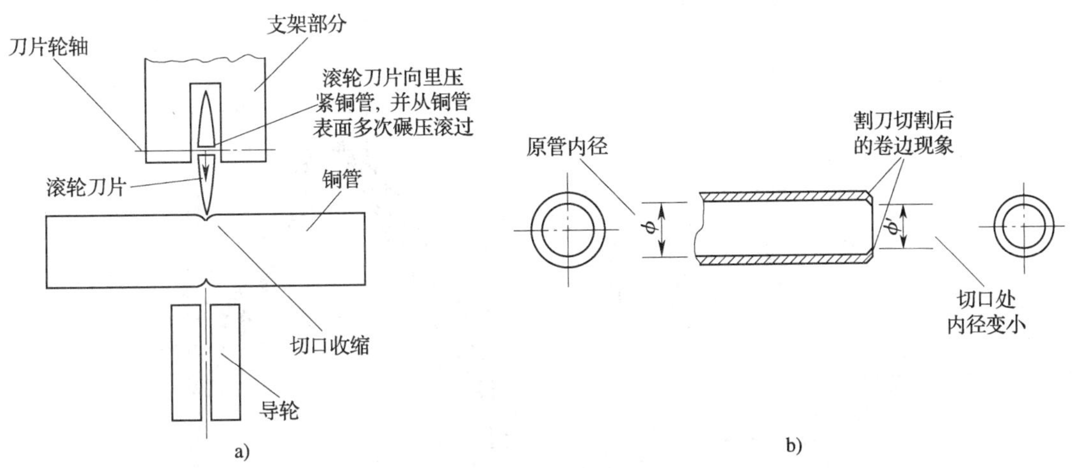

图 2—6　割管时卷边的形成

a）割管时滚轮刀片对铜管进行碾压　b）割断后的铜管断面处直径变小

卷边不但会影响后道工序的加工质量，还会对流经此处的制冷剂产生不良影响。另外，由于管子有时采用锯削、截面锉削等加工后，管内外边缘上会出现毛刺，这些毛刺不利于管子之间的相配焊接，因此，人们经常用专用倒角器或大割刀上附带的简易片状倒角器进行修整。

图 2—7 所示为常见的专用倒角器，其中图 a 为外形图，图 b 和图 c 分别为内倒角操作面和外倒角操作面图。内、外倒角操作面都有三条刃口，刀面互成 120°角，如图 2—8a 所示，每个刀面上的三条刃口与轴线之间的夹角约为 30°，如图 2—8b 所示。内倒角操作面和外倒角操作面分别对被割铜管管口的内、外壁倒角进行修整，如图 2—9 和图 2—10 所示。

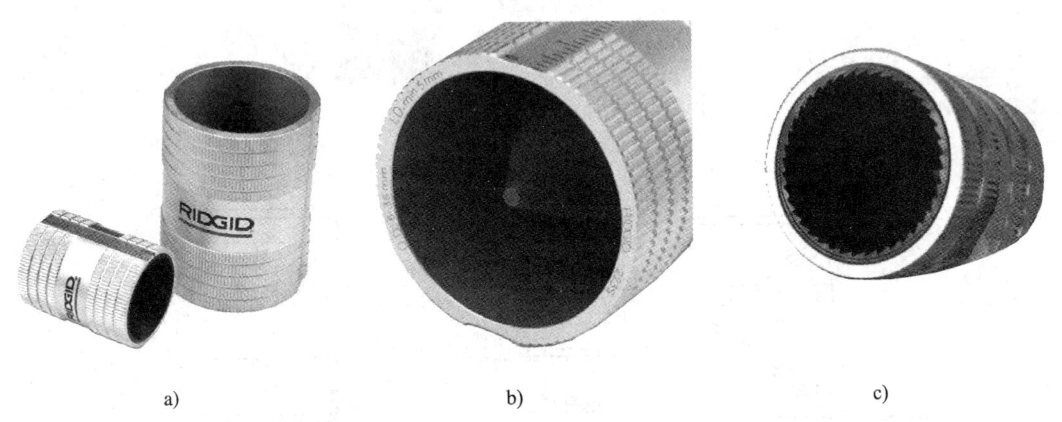

图 2—7　倒角器

a）圆桶形倒角器外形　b）圆桶形倒角器内倒角操作面　c）圆桶形倒角器外倒角操作面

多数大割刀上都附带有简易片状倒角器，如图 2—11 所示，它通常用来对铜管切口进行简单的修整。修整时，将简易片状倒角器插入管内，以刀片对称线为轴线来回转动，锉去内卷边，如图 2—12 所示。

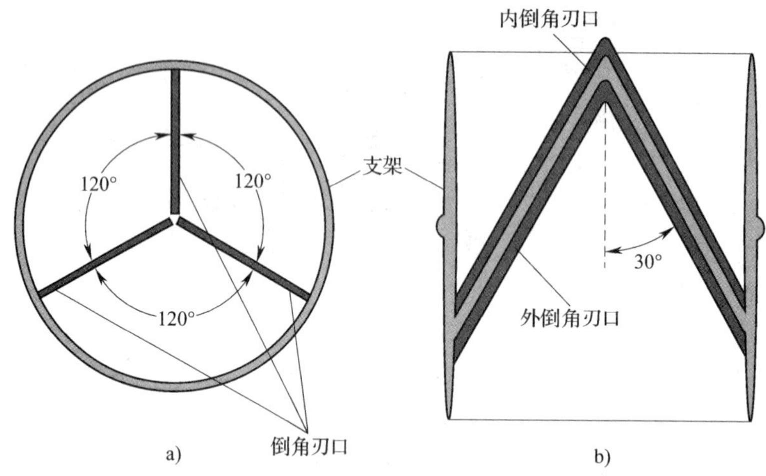

图 2—8 圆桶形倒角器的结构

a）内、外三刃口结构图一 b）内、外三刃口结构图二

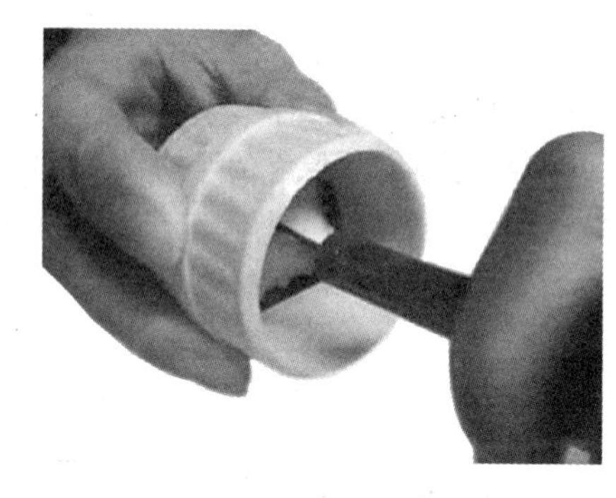

a)

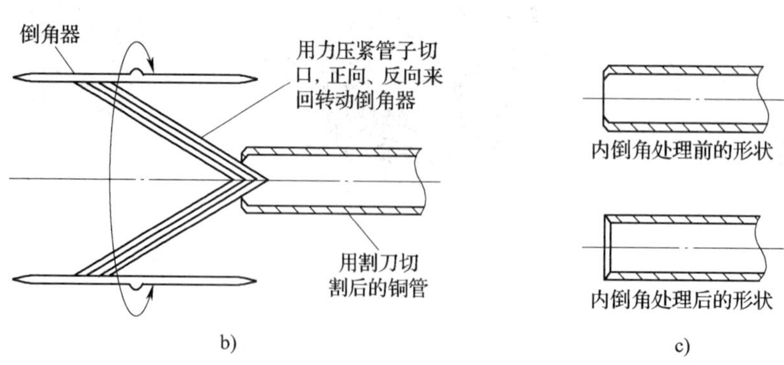

图 2—9 用圆桶形倒角器进行内倒角加工

a）内倒角加工操作 b）内倒角加工操作示意图 c）内倒角加工前后对比

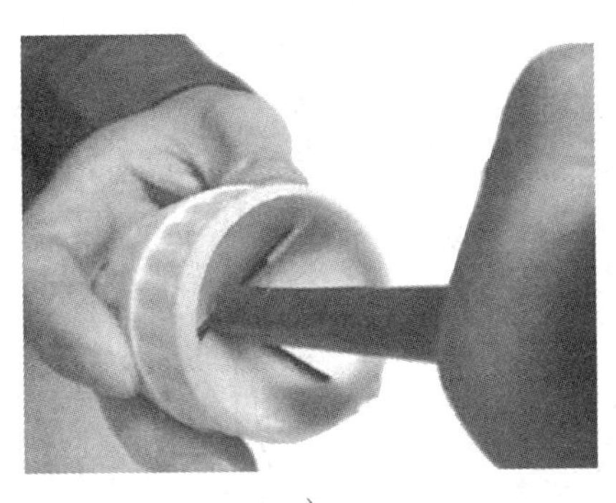

a)

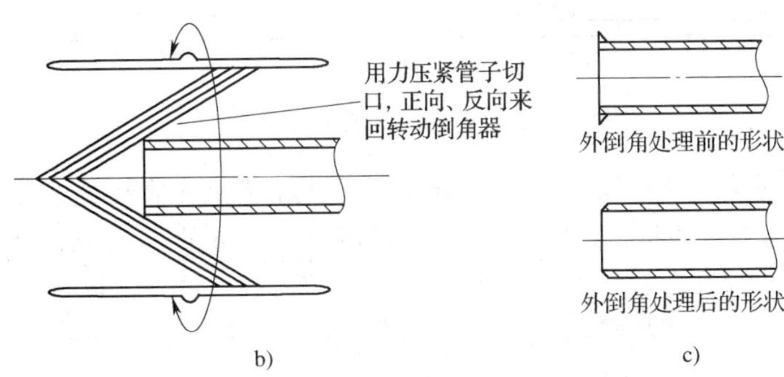

图 2—10　用圆桶形倒角器进行外倒角加工

a）外倒角加工操作　b）外倒角加工操作示意图　c）外倒角加工前后对比

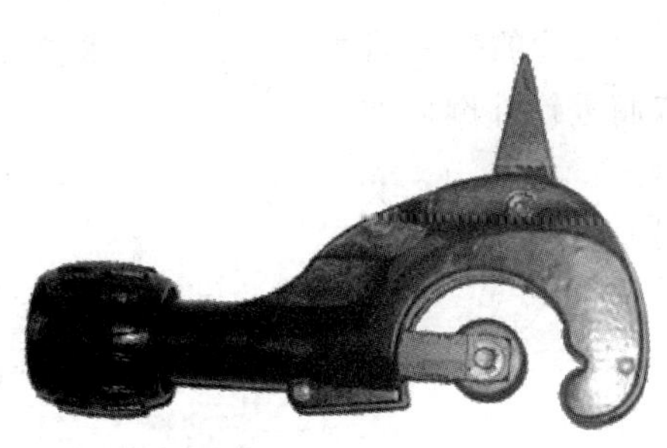

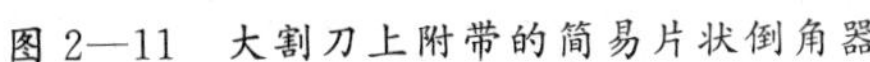

图 2—11　大割刀上附带的简易片状倒角器

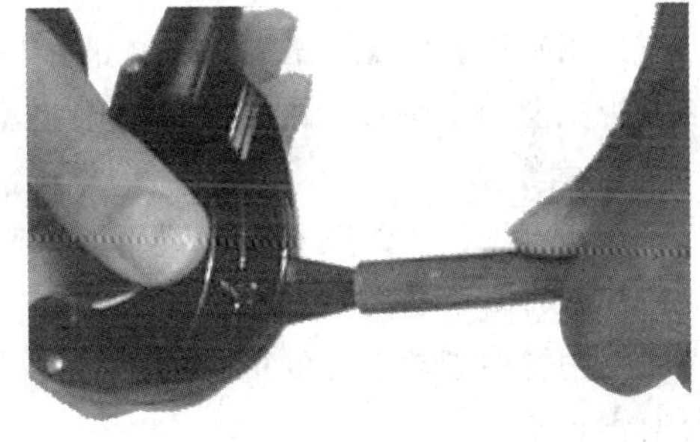

图 2—12　用简易片状倒角器进行内倒角加工

三、割管和倒角实训

1. 实训工具和材料

大割刀，小割刀，圆桶形倒角器，钢直尺，平锉，ϕ5 mm 邦迪管［盘管，长度：(200 mm/人）×人数］，ϕ6 mm、ϕ8 mm、ϕ10 mm、ϕ12 mm 和 ϕ20 mm 紫铜管［盘管，各种规格长度：(200 mm/人)×人数］。

2. 实训内容和步骤

(1）按图 2—13 所示方法，将邦迪管和各种规格紫铜管盘管置于干净的地面或桌面放直。

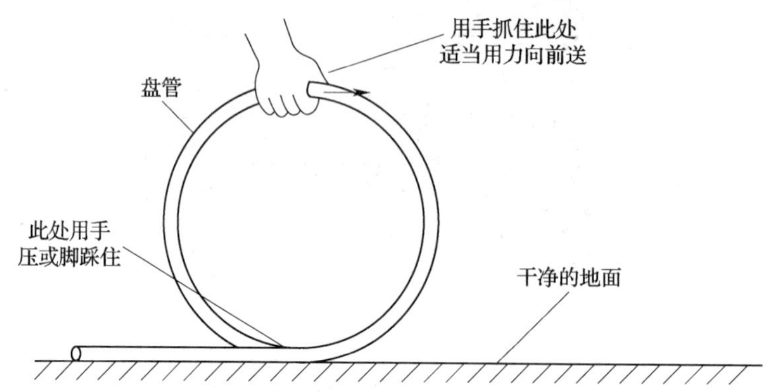

图 2—13　放直盘管的方法

（2）用钢直尺量取上述各管定长 100 mm，并用大割刀倒角器刻划好记号。

（3）按前述割管方法和步骤，用小割刀分别割取 100 mm 的 ϕ6 mm、ϕ8 mm 和 ϕ10 mm 紫铜管各两段。要求长度误差在±1 mm 范围之内。

（4）按前述割管方法和步骤，用大割刀分别割取 100 mm 的 ϕ5 mm 邦迪管和 ϕ12 mm、ϕ20 mm 紫铜管各两段，要求同上。

（5）用圆桶形倒角器对切下的所有紫铜管的一端分别进行内倒角加工。

（6）用简易片状倒角器对切下的 ϕ6 mm、ϕ8 mm 紫铜管的另一端及邦迪管两端进行内倒角加工。

（7）用平锉锉去 ϕ10 mm、ϕ12 mm 和 ϕ20 mm 紫铜管的另一端切口卷边，要求锉面与管轴无视觉上的不垂直。再用圆桶形倒角器分别对它们进行外倒角加工。

3. 注意事项

（1）切割处的划线要与管轴线垂直，刻线位置误差要小。

（2）割管时滚轮刀片要与刻线对齐。

（3）割管中滚轮刀片的进给量要严格按照规定，不能一次过多，否则会造成严重卷边，甚至使管子变形。

4. 考核标准（见表 2—1）

表 2—1　考核标准

班级		姓名		学号		成绩	
课题名称	割管和倒角实训			实训时间			
项目	评分标准						配分
放直盘管	正确		基本正确		不正确		5
	5		3～4		0～2		
工量具使用	正确		基本正确		不正确		15
	12～15		8～11		0～7		

续表

项目	评分标准			配分
操作内容	齐全		每缺1处减	24
	24		2	
加工质量	好	一般	差	15
	12～15	8～11	0～7	
尺寸	正确		每错1处减	18
	18		3	
完成课题	按时、独立	基本按时、独立	不按时、不独立	5
	5	3～4	0～2	
工量具保养	好	一般	差	5
	5	3～4	0～2	
安全文明操作	好	一般	差	5
	5	3～4	0～2	
实训报告	认真	较认真	不认真	8
	7～8	5～6	0～4	

课题二　胀口与扩口

学习目的

1. 明确胀口和扩口的目的。
2. 明确胀口和扩口工具的作用，熟悉其外形。
3. 掌握各种规格紫铜管的胀口和扩口加工操作。
4. 能使用胀、扩口器加工出优质胀口和扩口。

一、胀口和扩口的应用

制冷系统主要是由许多用管子制成的部件组成的。在家用电冰箱中，这些部件都是按图2—14或图2—15所示的方式连接后再用气焊连接起来的。而在房间空调器及许多其他制冷设备中，因考虑便于安装和维修，这些部件之间多用图2—16所示的螺纹连接方式，而不采用焊接方式连接。

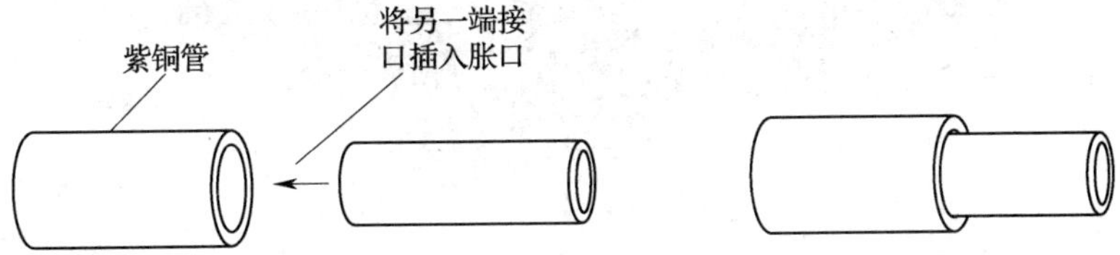

图2—14　不同管径之间的连接

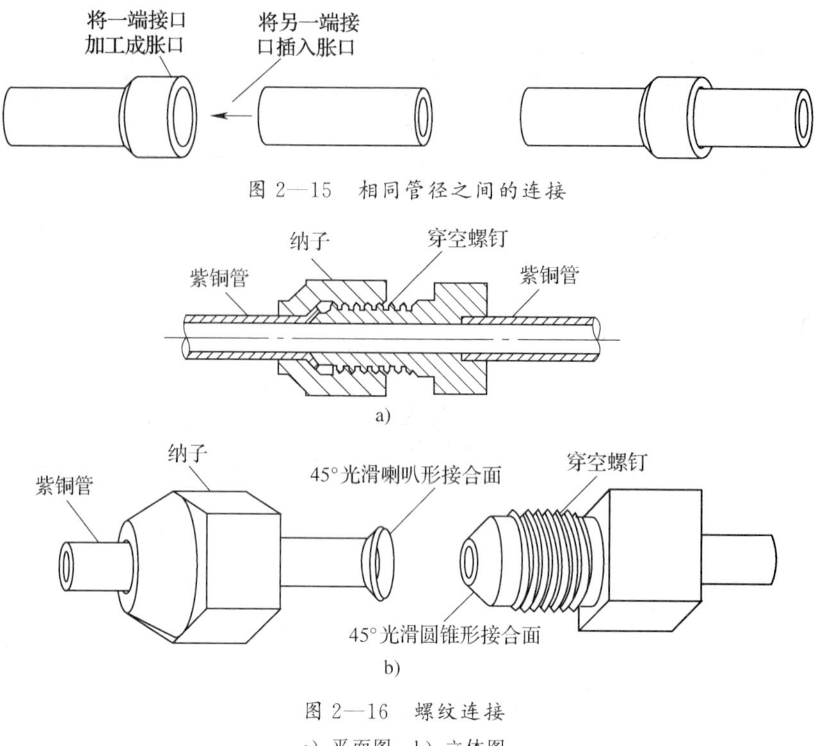

图 2—15　相同管径之间的连接

图 2—16　螺纹连接

a）平面图　b）立体图

二、胀、扩口器

在同管径的焊接连接方式中，胀口一般需要手工制作，它要借助专用的胀口工具；在螺纹连接方式中，虽然纳子和穿空螺钉都有现成的，但喇叭口一般需要手工制作，要借助专用的扩口工具。图 2—17 所示为专用的胀口、扩口组合工具——胀、扩口器。

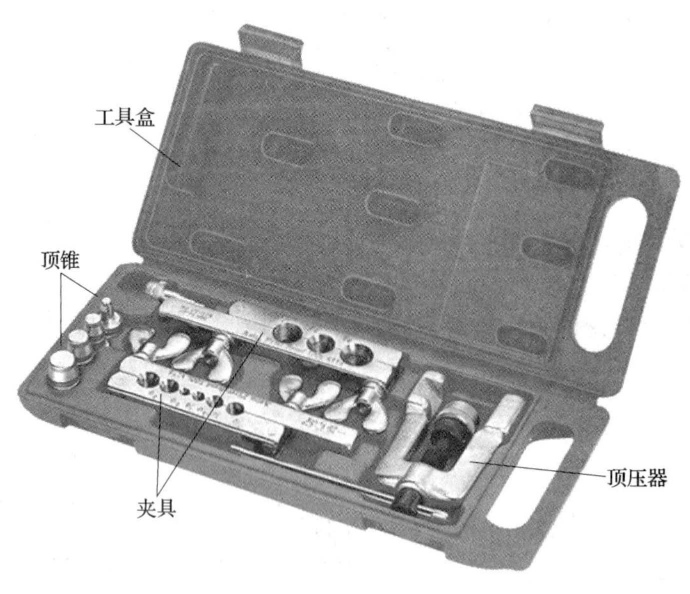

图 2—17　胀、扩口器

1. **顶压器**

顶压器由支架、丝杠、扳手、顶锥和拉钩组成，如图 2—18 所示。扳手与丝杠固定在一起，通过调节扳手可推进或退出丝杠，从而带动顶锥上下移动。

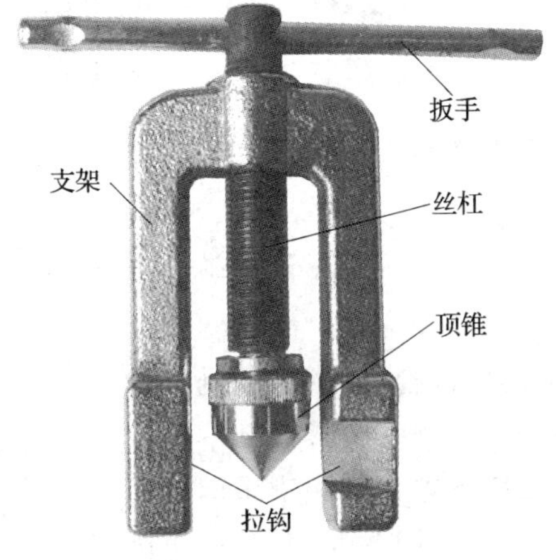

图 2—18　顶压器

2. **夹具**

夹具由夹片、拧紧螺母和销等组成，如图 2—19 所示。其中，夹片是在一块长方形六面体上经钻孔（孔径大小与制冷用紫铜管的常见规格相对应，有公制和英制之分）、工作面倒角、攻螺纹、对半锯削和热处理硬化等形成数个不同直径的夹槽，夹槽中螺纹的作用是防止在胀口和扩口时被夹工件滑移。在胀、扩口器组合工具中通常有两个不同规格的夹具。

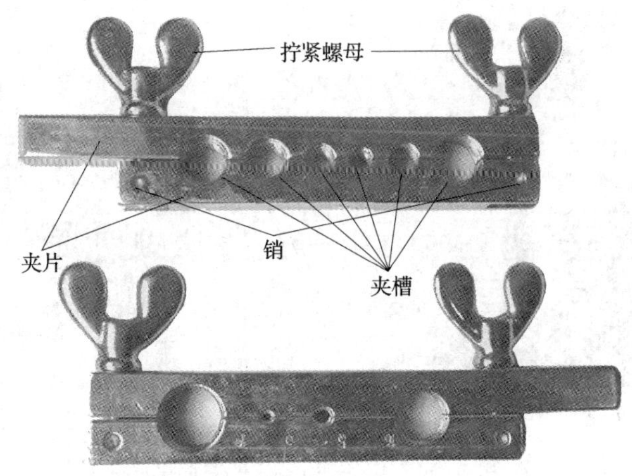

图 2—19　夹具

3. **胀口用顶锥**

在胀、扩口器组合工具中，通常有 ϕ3 mm、ϕ5 mm、ϕ6 mm、ϕ8 mm、ϕ10 mm、ϕ14 mm、ϕ16.5 mm 和 ϕ21 mm 等数种不同规格的胀口用顶锥，以加工出不同内径的胀口，如图 2—20 所示。

4. **扩口用顶锥**

扩口用顶锥的外形如图 2—21 所示。

图 2—20　胀口用顶锥

图 2—21　扩口用顶锥

三、胀口加工

1. 步骤和方法

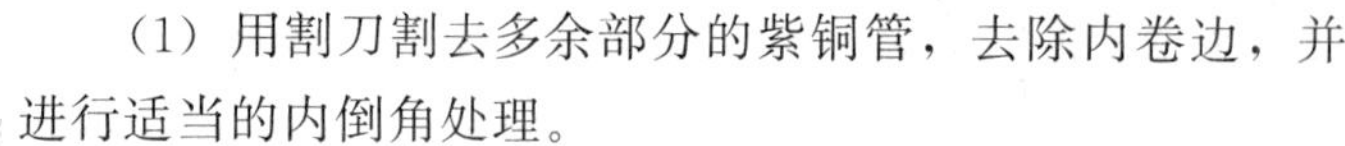

（1）用割刀割去多余部分的紫铜管，去除内卷边，并进行适当的内倒角处理。

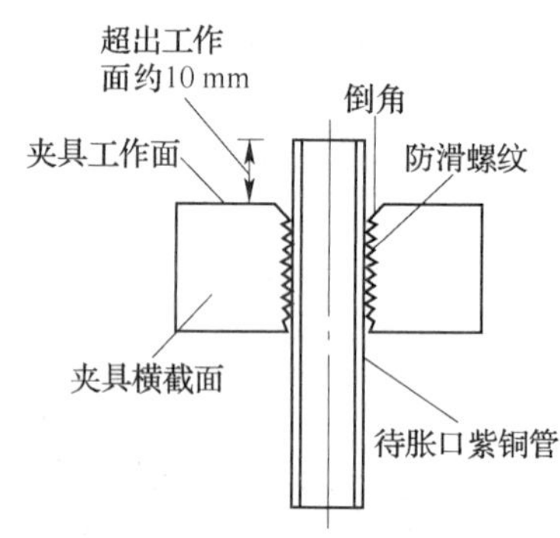

图 2—22　胀口加工前的正确装夹

（2）将待加工紫铜管用夹具夹紧在相应规格的夹槽中，并要求端口超出夹具工作面 10 mm 左右，如图 2—22所示。

（3）在顶压器上换上相应直径的胀口用顶锥，并装上夹具，拉钩嵌在夹具两侧，如图 2—23 所示。这时左手握紧夹具并用拇指斜方向压紧一侧拉钩处，食指和中指扣紧另一侧拉钩处，使顶压器与夹具的相对位置保持固定不变，如图 2—24 所示。

图 2—23　安装顶压器

图 2—24　扣紧顶压器

（4）左手握住夹具并扣住顶压器，右手满抓顶压器的扳手，顺时针用力旋转，如图 2—25所示，直到胀口深度达到要求，如图 2—26 所示。

（5）左手握住夹具并扣住顶压器，右手满抓顶压器的扳手，逆时针用力旋转，退出顶锥，方法与图 2—25 相似。

2. 注意事项

（1）作为胀口的紫铜管切口必须把内卷边处理掉，再进行内倒角处理。

（2）紫铜管端口超出夹具工作面不能过大，否则易出现加工出的胀口歪斜等不良情况，如图 2—27 所示。

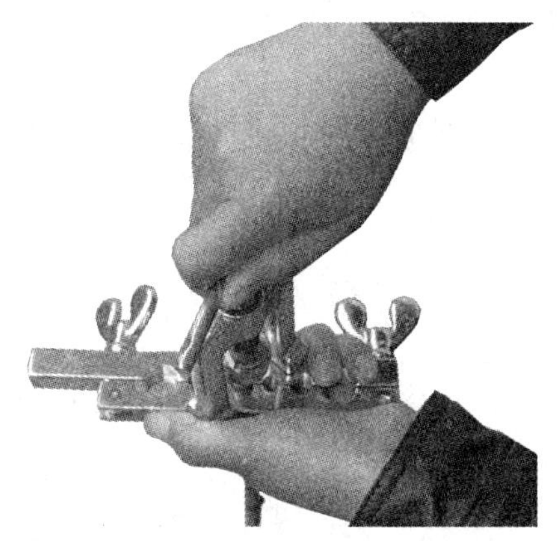

图 2—25　制作胀口的主过程

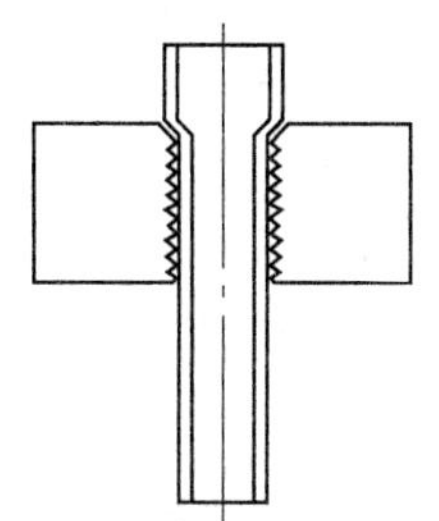

图 2—26　质量好的胀口

（3）胀口操作必须在工作面进行，否则易损伤胀口锥形肩，导致其机械强度降低，甚至断裂，肩部压扁如图 2—28 所示。

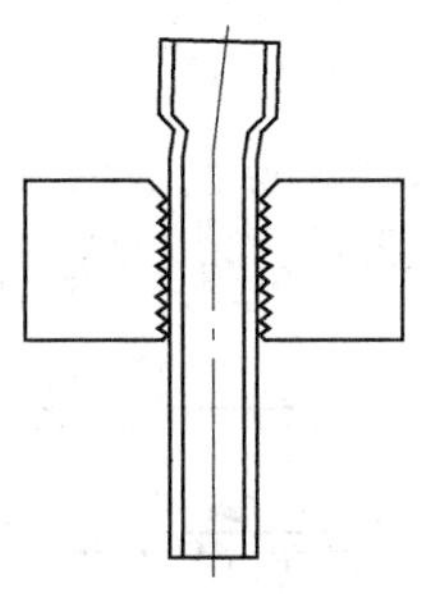

图 2—27　胀口歪斜

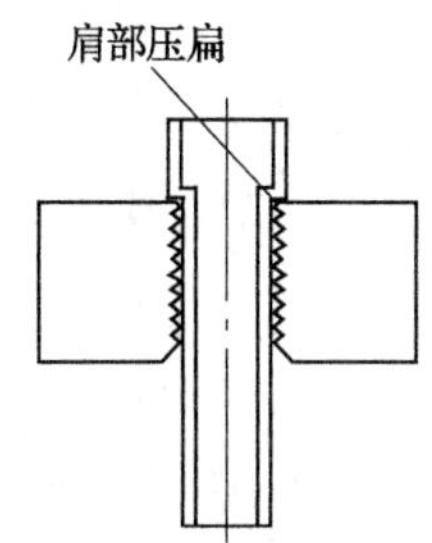

图 2—28　肩部压扁

（4）顶锥的工作外径应等于或略大于胀口管子的内径。

（5）退出顶锥时，左手仍须与顶压胀口时的做法一样，不得松动，否则拉钩会脱出夹具而让顶锥卡在紫铜管的胀口内，难以从做好的胀口中脱出。

（6）胀口时的预留长度无须十分精确，管径小的可适当少些，通常不大于其外径；管径大的预留长度可适当多些。

四、扩口加工

1. 步骤和方法

扩口加工的操作方法与胀口加工相似，但有所区别，具体方法如下：

（1）用割刀割去加工中多余部分的紫铜管，严格去除内卷边和毛刺，并进行适当的内倒角处理。

（2）将待加工紫铜管用夹具夹紧在相应规格的夹槽中，并要求端口超出夹具工作面2～4 mm。

（3）在顶压器上换上扩口顶锥，并装上夹具，拉钩嵌在夹具两侧，与图 2—23 所示方法相似。这时左手握紧夹具并用拇指斜方向压紧一侧拉钩处，食指和中指扣紧另一侧拉钩处，使顶压器与夹具的相对位置保持固定不变，与图 2—24 所示方法相似。

（4）左手握住夹具并扣住顶压器，右手顺时针转动顶压器上的扳手，使圆锥形顶锥的尖端对准紫铜管轴心，如图 2—29 所示。若有偏心应及时调整，直到顶锥准确移到紫铜管端口后再用力顶压。

（5）左手握住夹具并扣住顶压器，右手满抓顶压器的扳手，逆时针用力旋转，退出顶锥。

2. 注意事项

由于要用喇叭口的圆锥面直接与穿空螺钉的圆锥面进行无间隙的接合，其制作要求比胀口要求高很多，因此在扩口前和扩口时有更多需要注意的地方。

（1）切割时滚轮的每次进给量要小，每进给一次要多割几圈，以减轻紫铜管的变形程度。

（2）应用平锉将切口变形部分锉去，如图 2—30 所示。

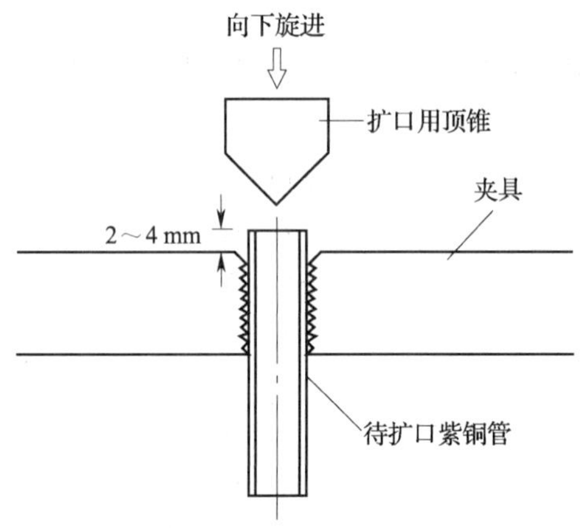

图 2—29 边向下移动顶锥，边对准轴心

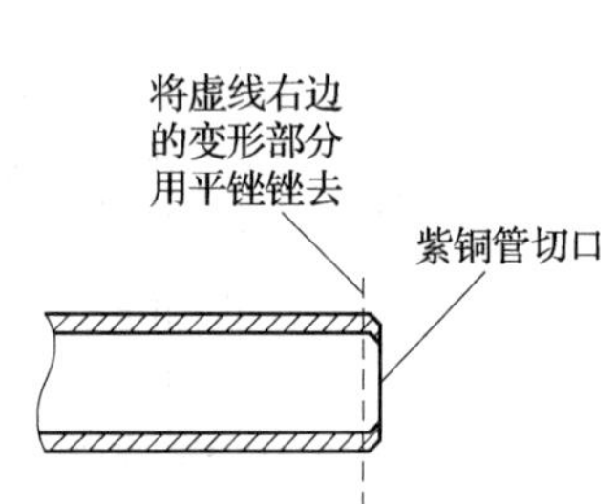

图 2—30 锉去收缩变形部分

（3）应对端口进行适当的内、外倒角处理，但倒角量不能太多，否则加工出来的喇叭口易出现图 2—31c 所示的开花现象。

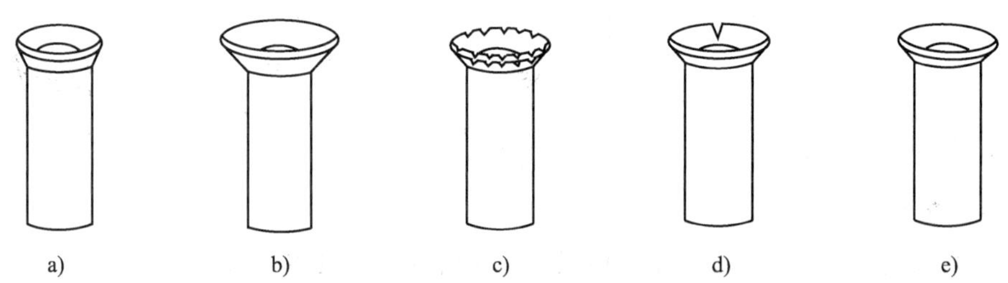

图 2—31 几种常见的不合格喇叭口

a）喇叭口过小 b）喇叭口过大 c）喇叭口开花 d）喇叭口裂开 e）喇叭口歪斜

（4）边缘上的毛刺必须全部清理干净后方可进行扩口操作。

（5）紫铜管装夹时，必须保持两夹片工作面在同一个平面上，并保证扩口顶锥的轴线与紫铜管的轴线重合，否则易出现图 2—31e 所示的喇叭口歪斜现象。

（6）端口超出夹具工作面的量必须严格控制在规定范围内，过少则制作的喇叭口太小，其受力面积也较小，容易变形而从纳子中滑出，如图 2—32 所示；但若超出量过多，则制作的喇叭口太大，不但难以插入纳子，而且由于喇叭口太大，其边缘被纳子卡住，在旋转纳子合紧接合面时可能将紫铜管一起旋转而扭曲变形，从而使流通截面变窄，甚至堵塞，如图2—33所示。不同管径扩口时的预留长度有所不同，管径小的应稍短些，管径大的应稍长些。ϕ6 mm紫铜管一般留2 mm，ϕ20 mm以上紫铜管约留4 mm。

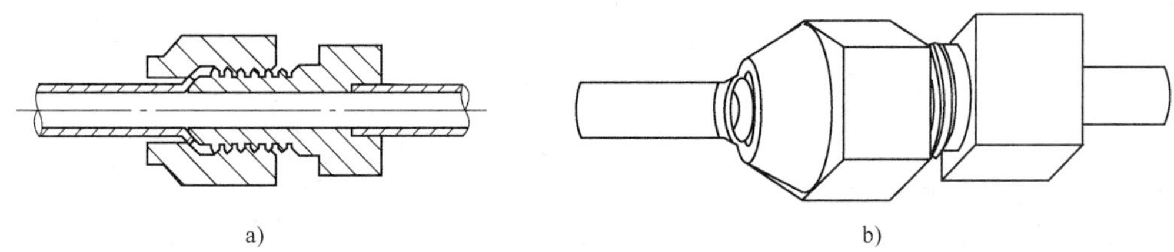

图2—32 喇叭口过小的结果

a）喇叭口过小则受力面积小 b）变形的喇叭口从纳子中滑脱

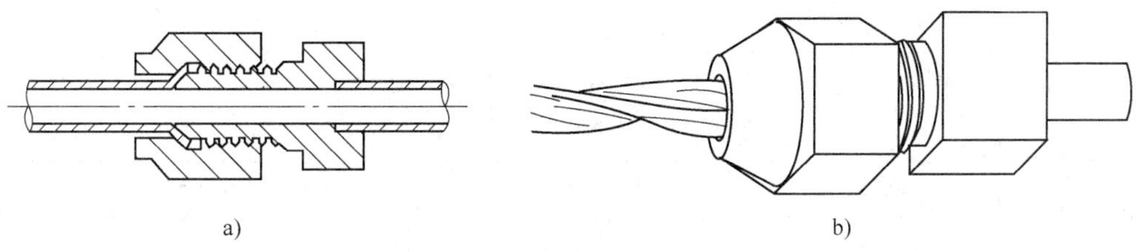

图2—33 喇叭口过大的结果

a）喇叭口过大则卡在纳子中 b）紫铜管与纳子一起旋转而扭曲变形

（7）加工喇叭口的紫铜管要厚薄均匀，加工时的处理也要做到整个圆周一致，否则易出现图2—31d所示的裂缝。

五、胀口与扩口实训

1. 实训设备、工具和材料

钳台，台虎钳，大割刀，圆桶形倒角器，钢直尺，平锉，胀口、扩口组合工具，ϕ6 mm、ϕ8 mm、ϕ10 mm、ϕ12 mm和ϕ20 mm紫铜管［盘管，各种规格长度：（100 mm/人）×人数×2，加上割管和倒角实训时留下的各种规格的紫铜管两段，各有四段］。

2. 实训内容和步骤

（1）用大割刀分别割取100 mm的ϕ6 mm、ϕ8 mm、ϕ10 mm、ϕ12 mm和ϕ20 mm紫铜管各两段。

（2）严格按照制作扩口的要求进行端口处理：用锉刀去除端口卷边；进行适当的内、外倒角处理；清除毛刺。

（3）用胀口器分别在ϕ6 mm、ϕ8 mm、ϕ10 mm、ϕ12 mm和ϕ20 mm每种规格的两段紫铜管上各加工四个胀口。

（4）用扩口器分别在ϕ6 mm、ϕ8 mm、ϕ10 mm、ϕ12 mm和ϕ20 mm每种规格的两段紫铜管上各加工四个扩口。

3. 考核标准（见表 2—2）

表 2—2　　考核标准

班级		姓名		学号		成绩	
课题名称	胀口与扩口实训			实训时间			
项目	评分标准					配分	
割管	方法正确，进刀适量		基本正确，基本适量		问题较多	10	
	8～10		6～7		0～5		
去卷边和毛刺	方法正确，符合要求		基本正确，基本符合要求		问题较多	10	
	8～10		6～7		0～5		
内、外倒角处理	方法正确，处理适量		基本正确，基本适量		问题较多	10	
	8～10		6～7		0～5		
胀口加工	方法正确，加工质量好		基本正确，加工质量一般		问题较多	20	
	16～20		12～15		0～11		
扩口加工	方法正确，加工质量好		基本正确，加工质量一般		问题较多	20	
	16～20		12～15		0～11		
完成课题	按时、独立		基本按时、独立		不按时、不独立	8	
	8		5～7		0～4		
工量具保养	好		一般		差	8	
	8		5～7		0～4		
安全文明操作	好		一般		差	6	
	6		4～5		0～3		
实训报告	认真		较认真		不认真	8	
	8		5～7		0～4		

课题三　弯管加工

在房间空调器和家用电冰箱中，热交换器通常制成蛇形管，如图 2—34 所示。这些蛇形管是用各种不同直径的铜管或铝管经机械或手工弯折加工而成的，本课题将在简要介绍弯管工具的结构和使用方法之后，重点介绍如何用手工弯制小管径紫铜管。

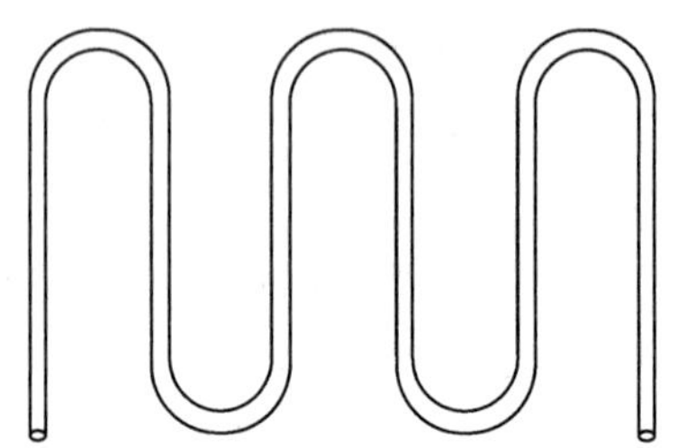

图 2—34　房间空调器和家用电冰箱中的热交换器基本结构

学习目的

1. 了解弯管的概念。
2. 明确弯管器的作用，熟悉其外形。
3. 掌握各种规格紫铜管弯管加工操作。

4. 能使用弯管器加工出质量好、尺寸精确的蛇形管。

一、弯管器

1. 弹簧弯管器

弹簧弯管器用硬度较大、弹性较好的弹簧钢制成，其外形如图 2—35 所示。

弹簧弯管器是一种简易的弯管器，其内径有 ϕ6 mm、ϕ8 mm、ϕ10 mm 和 ϕ12 mm 等多种规格，可分别手工弯制相应外径的紫铜管或铝管。弯管加工时，将弹簧弯管器套在管子待弯处，然后双手用力折弯，直至角度符合要求后再退出弯管器，如图 2—36 所示。

图 2—35　弹簧弯管器的外形

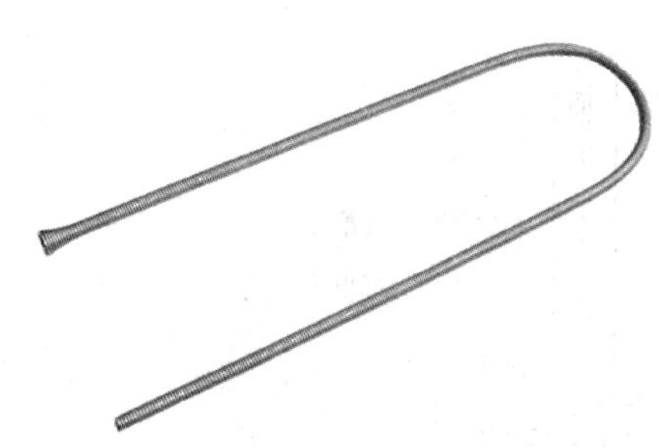
图 2—36　用弹簧弯管器加工弯管

2. 杠杆式弯管器

杠杆式弯管器通常为铁或铝铸件结构，外形大同小异，如图 2—37 所示。其中，图

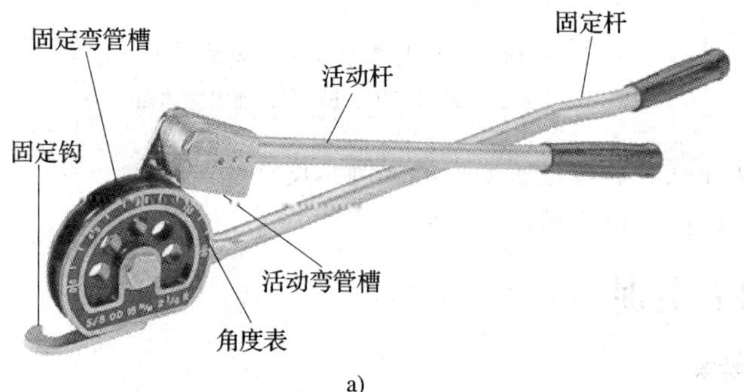

a)

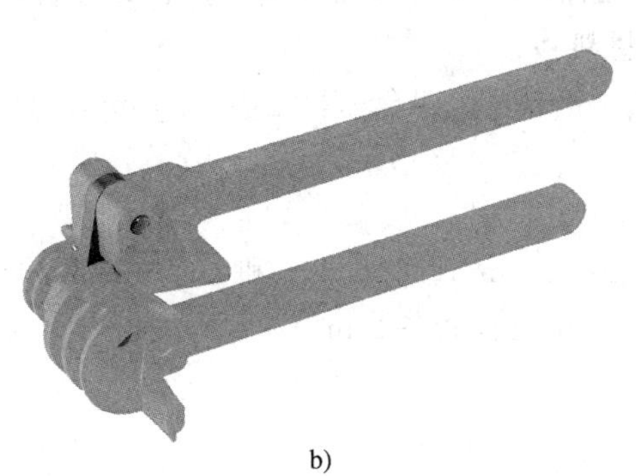
b)

图 2—37　杠杆式弯管器
a）大型弯管器的外形结构　b）四合一弯管器的外形结构

2—37a所示为大型弯管器，它可用来加工某一固定尺寸、直径较大的紫铜管；图 2—37b 所示为四合一弯管器，它可用来弯制四个不同直径的紫铜管。

弯管操作步骤如下：

（1）将被加工管嵌入固定钩与固定弯管槽之间，起点位于固定钩处，即处于图 2—38 所示的竖直状态。

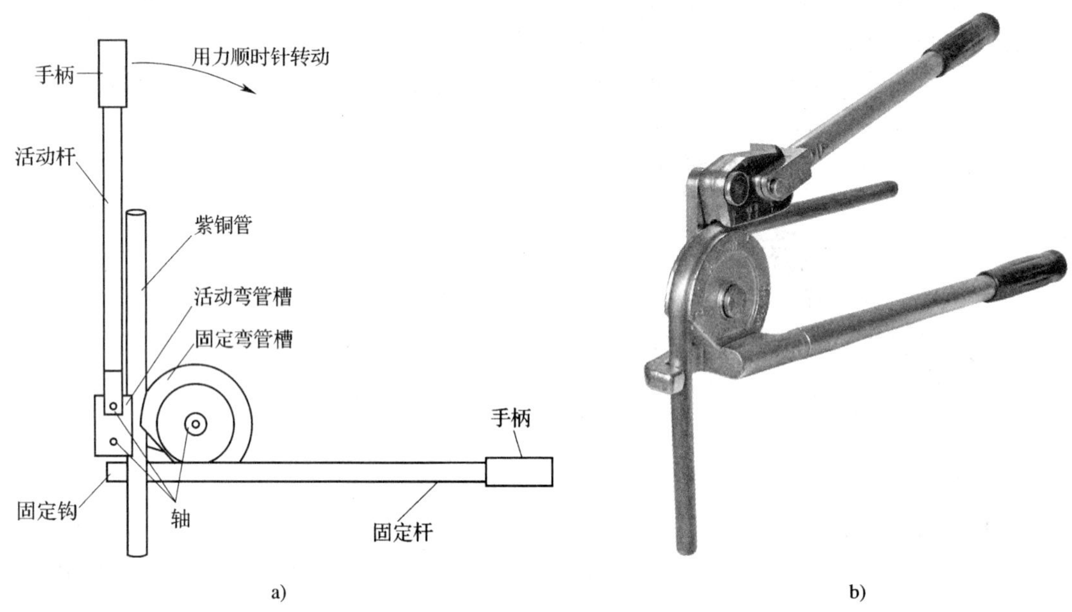

图 2—38　杠杆式弯管器弯管加工方法

a）弯管加工平面示意图　b）弯管加工立体图

（2）用力将活动杆顺时针转过所要求的弯制角度。

（3）将活动杆退回原先位置后取出弯管。

二、弯管加工实训

1. 实训内容和要求

按图 2—39 所示尺寸，用四合一弯管器加工各种规格蛇形管。

2. 实训设备、工具和材料

钳台，台虎钳，大割刀，钢卷尺，四合一弯管器，ϕ6 mm、ϕ8 mm、ϕ10 mm 和 ϕ12 mm 紫铜管盘管。

3. 实训步骤

（1）按要求放置 ϕ6 mm、ϕ8 mm、ϕ10 mm 和 ϕ12 mm 紫铜管盘管。

（2）用钢卷尺量取各种规格紫铜管各 2 m。

（3）加工蛇形管。

4. 注意事项

（1）加工不同管径的弯管必须在相应的弯管槽中进行，如图 2—40 所示。

（2）加工中应注意管路方向，起点应置于固定钩处。

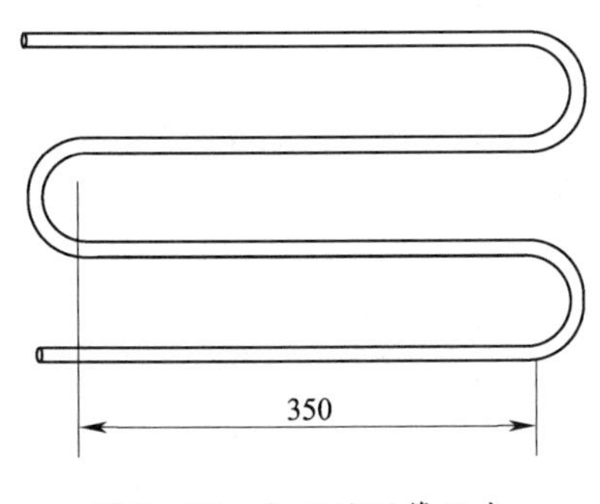

图 2—39　加工蛇形管尺寸

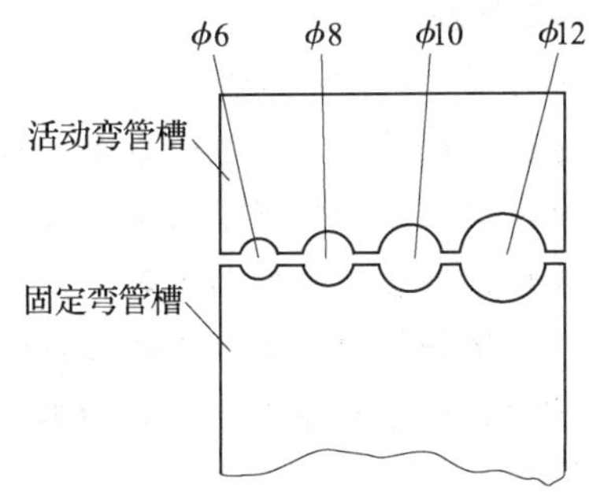

图 2—40　弯管器中不同规格的弯管槽

（3）各段蛇形管的长度可在弯管加工中边做边测量、调整。如果预先全部量定并做了刻线记号，往往最后长度误差较大。

5. 考核标准（见表 2—3）

表 2—3　　考 核 标 准

<table>
<tr><td>班级</td><td></td><td>姓名</td><td></td><td>学号</td><td></td><td>成绩</td><td></td></tr>
<tr><td>课题名称</td><td colspan="4">弯管加工实训</td><td>实训时间</td><td colspan="2"></td></tr>
<tr><td>项目</td><td colspan="6">评分标准</td><td>配分</td></tr>
<tr><td rowspan="2">铜管矫直</td><td colspan="2">直</td><td colspan="2">较直</td><td colspan="2">不直</td><td rowspan="2">8</td></tr>
<tr><td colspan="2">8</td><td colspan="2">5～7</td><td colspan="2">0～4</td></tr>
<tr><td rowspan="2">弯管器使用</td><td colspan="2">正确</td><td colspan="2">基本正确</td><td colspan="2">不正确</td><td rowspan="2">20</td></tr>
<tr><td colspan="2">16～20</td><td colspan="2">12～15</td><td colspan="2">0～11</td></tr>
<tr><td rowspan="2">加工质量</td><td colspan="2">好</td><td colspan="2">一般</td><td colspan="2">差</td><td rowspan="2">20</td></tr>
<tr><td colspan="2">16～20</td><td colspan="2">12～15</td><td colspan="2">0～11</td></tr>
<tr><td rowspan="2">蛇形管尺寸</td><td colspan="2">准确</td><td colspan="2">较准确</td><td colspan="2">参差不齐</td><td rowspan="2">20</td></tr>
<tr><td colspan="2">16～20</td><td colspan="2">12～15</td><td colspan="2">0～11</td></tr>
<tr><td rowspan="2">完成课题</td><td colspan="2">按时、独立</td><td colspan="2">基本按时、独立</td><td colspan="2">不按时、不独立</td><td rowspan="2">8</td></tr>
<tr><td colspan="2">8</td><td colspan="2">5～7</td><td colspan="2">0～4</td></tr>
<tr><td rowspan="2">工量具保养</td><td colspan="2">好</td><td colspan="2">一般</td><td colspan="2">差</td><td rowspan="2">8</td></tr>
<tr><td colspan="2">8</td><td colspan="2">5～7</td><td colspan="2">0～4</td></tr>
<tr><td rowspan="2">安全文明操作</td><td colspan="2">好</td><td colspan="2">一般</td><td colspan="2">差</td><td rowspan="2">8</td></tr>
<tr><td colspan="2">8</td><td colspan="2">5～7</td><td colspan="2">0～4</td></tr>
<tr><td rowspan="2">实训报告</td><td colspan="2">认真</td><td colspan="2">较认真</td><td colspan="2">不认真</td><td rowspan="2">8</td></tr>
<tr><td colspan="2">8</td><td colspan="2">5～7</td><td colspan="2">0～4</td></tr>
</table>

思考与练习

一、填空题

割刀是制冷中专门用来切割_____管、_____管和_____管的工具。对于房间空调器和家用电冰箱等小型制冷设备而言，常用的割刀有_____割刀和_____割刀两种。

二、简答题

1. 简述割管的方法和步骤。
2. 为什么在管子加工中通常要进行倒角处理？倒角一般用哪两种专用工具？
3. 使用割管器切割制冷用紫铜管时应注意哪些问题？
4. 进行紫铜管的胀口加工时应注意哪些事项？
5. 进行紫铜管的扩口加工时应注意哪些事项？
6. 用四合一弯管器进行弯管加工时应特别注意哪些问题？

第三单元　制冷管道连接技术及训练

制冷系统中不但蒸发器和冷凝器是用金属管制成的，而且其他部件也离不开金属管。为了保证系统既具有较高的密封性，又具有较高的机械强度，这些金属管之间大多采用焊接方法进行连接。因此，焊接是制冷操作技能中最重要、最基本的技能之一，无论是在制冷设备的生产过程中，还是在制冷系统的维修过程中，人们经常要用到焊接技术。焊接类型较多，最为常见的是电焊和气焊两种。本单元将在重点介绍制冷中使用最为普遍的氧乙炔气焊装置及其操作方法的基础上，安排充足的时间进行数种不同材质、不同管径和不同焊料的气焊操作训练，使同学们在焊接技能方面达到中级制冷维修工的要求。

课题一　气 焊 基 础

学习目的

1. 了解常用气焊设备的组成、各部件的基本结构和基本工作原理。
2. 初步学会气焊设备的安装和操作，明确有关安全规章。

一、气焊设备

气焊是利用可燃气体与助燃气体混合燃烧时放出的热量对金属进行焊接的一种加工方法，如图 3—1 所示。

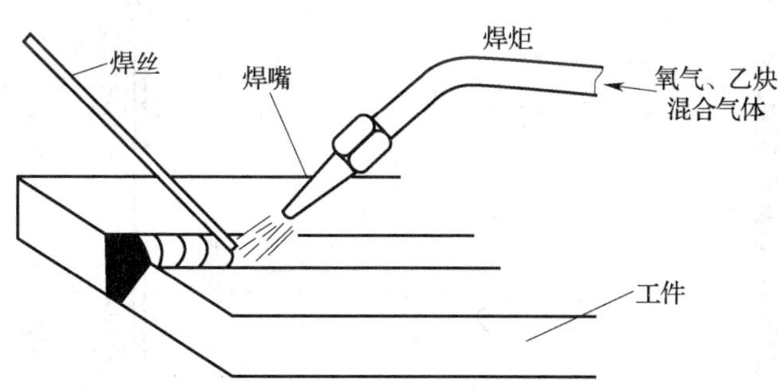

图 3—1　氧乙炔气焊示意图

气焊设备包括氧气瓶、乙炔瓶（或液化石油气钢瓶）、减压装置、焊炬和软胶管等，如图 3—2 所示。

1. 氧气瓶及其附件

(1) 氧气瓶的外形和结构

氧气瓶是储存和运输氧气的一种高压容器，其常见外形如图 3—3 所示。氧气瓶由瓶体、

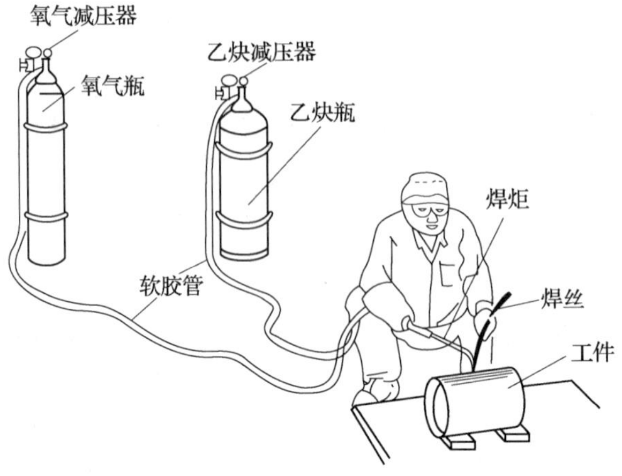

图 3—2　气焊设备

瓶阀、瓶箍、瓶帽和防震橡胶圈等部分组成，如图 3—4 所示。标准氧气瓶的公称容积为 40 L，满瓶压力为 15 MPa。一般地，可储存常压下 6 m^3 的氧气。瓶体表面涂淡蓝色，并写上黑色的“氧”字。套在瓶体上的两个橡胶圈，受撞击时起缓冲作用。氧气瓶体上部瓶头的内壁有锥形螺纹用以旋上瓶阀，瓶头外面套着瓶箍，用来固定瓶帽，瓶帽的作用是保护瓶阀不受意外碰撞而损坏。

图 3—3　氧气瓶的外形

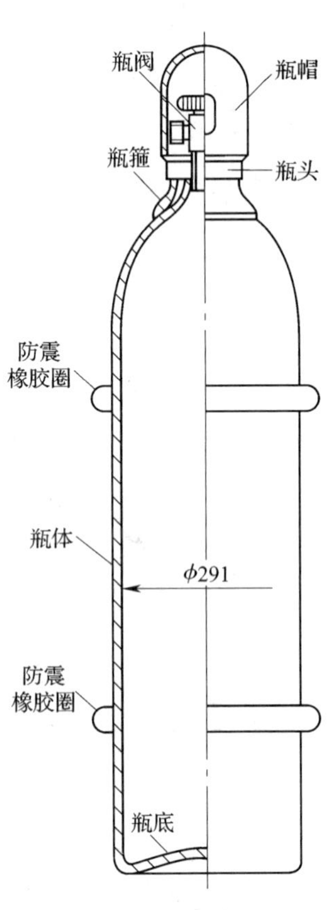

图 3—4　氧气瓶的结构

(2) 氧气瓶阀

氧气瓶阀的外形如图 3—5 所示，其作用是打开或关闭氧气瓶。瓶阀的内部结构如图 3—6 所示，其一侧装有爆破膜，当瓶内氧气压力超过规定值时，爆破膜自行爆破，瓶内氧气外泄，以保护钢瓶。

图 3—5 氧气瓶阀的外形

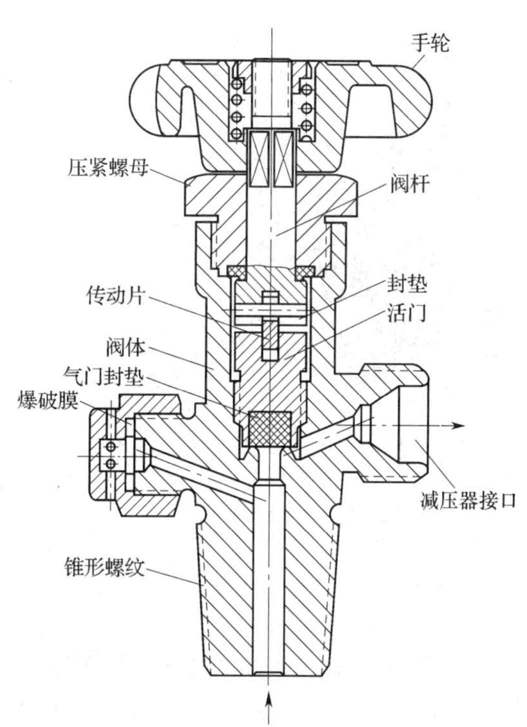

图 3—6 氧气瓶阀的内部结构

(3) 氧气减压器

由于氧气瓶内储存的氧气压力最高达 15 MPa，而实际气焊时要求的压力为 0.1～0.4 MPa，因此需要减压。氧气减压器除用于减调输出氧气的压力之外，还可稳定输出的氧气流量。氧气减压器的外形如图 3—7 所示。图中，总压力表指示钢瓶内氧气的压力，其值大小可反映瓶中氧气的剩余量，压力越小，余量越少；输出压力表指示调节降压后输往软管的氧气的压力。顺时针旋转调节手轮，则输出氧气的压力增大；逆时针旋转调节手轮，则输出氧气的压力减小。

氧气减压器的内部结构有两种，图 3—8 所示为单级反作用式氧气减压器的内部结构。

(4) 氧气瓶的使用规章

由于氧气瓶的压力较高，而且氧气是极其活泼的助燃气，因此必须严格遵守氧气操作规章。

1) 禁止氧气瓶与油脂接触。当需要接触或操作氧气瓶时，应先将手上（或手套上）、操作用的扳手上的油污擦洗干净。

2) 氧气瓶应远离易燃易爆物品、明火、热源，其安全距离应达到 10 m 以上；同时应保持与乙炔瓶的距离不小于 3 m。

3) 冬季使用氧气瓶，如遇瓶阀或减压器冻结，可用温水或温度不超过 40℃的热源解

图 3—7　氧气减压器的外形

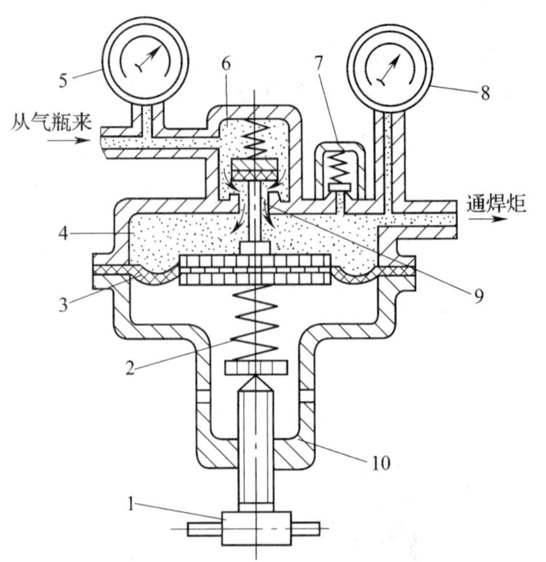

图 3—8　氧气减压器的内部结构

1—调压螺钉　2—调压弹簧　3—薄膜　4—低压室　5—高压表　6—高压室　7—安全阀　8—低压表　9—通道　10—外壳

冻，禁止用明火烘烤。

4）钢瓶中的氧气不得用尽，应保留 0.1 MPa 以上的余压，以防止其他气体进入钢瓶产生爆炸隐患。

5）当场地上既有电焊又有气焊时，氧气瓶要保证绝缘，不可导电。

6）安装减压器前，先开启瓶阀吹掉瓶口污物。

7）开启瓶阀时人应站在侧面操作，动作要轻缓，禁止用锤子等硬物敲击。

8）夏季露天作业时，要防止氧气瓶暴晒，以免瓶内氧气过度受热膨胀，超出钢瓶所能承受的压力。

9）经常检查防震橡胶圈是否完好，如有损坏应及时予以更换。

10）平时不使用，特别是在搬运氧气瓶时要戴上瓶帽，避免碰撞，保护好瓶阀。

11）禁止用吊车吊运氧气瓶。

12）氧气瓶要定期检查，经检验合格方可使用。

2. 乙炔瓶及其附件

（1）乙炔瓶的外形和结构

乙炔瓶是储存和运输乙炔的低压容器，其外形与氧气瓶相似，但直径稍大，外表涂白色，并写上红色“乙炔”字样，如图 3—9 所示。乙炔瓶的结构如图 3—10 所示。

（2）乙炔瓶阀

乙炔瓶阀的外形如图 3—11 所示，其作用是开启或关闭乙炔瓶。瓶阀的结构如图 3—12 所示。

（3）乙炔减压器和夹环

气焊时使用的乙炔压力通常不大于 0.15 MPa，这一压力也低于乙炔瓶内储存的乙炔压

图 3—9　乙炔瓶的外形

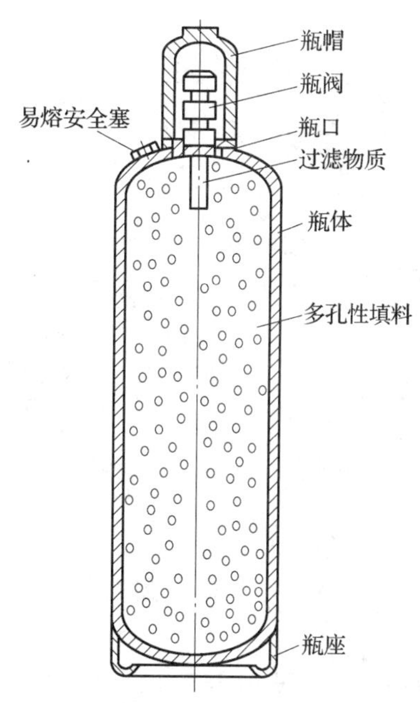

图 3—10　乙炔瓶的结构

图 3—11　乙炔瓶阀的外形

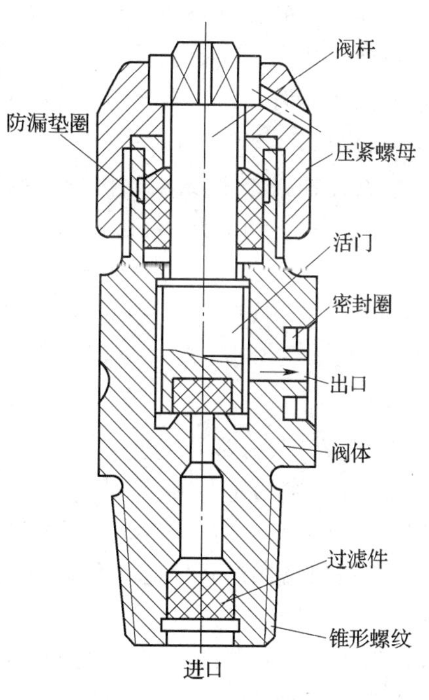

图 3—12　乙炔瓶阀的结构

力，因此也需要用到减压装置。乙炔减压器和夹环的外形如图 3—13 所示，其结构及调压方法与氧气减压器相似，但由于乙炔瓶阀的接口处无螺纹，因此用气时必须使用夹环，如图 3—14 所示。

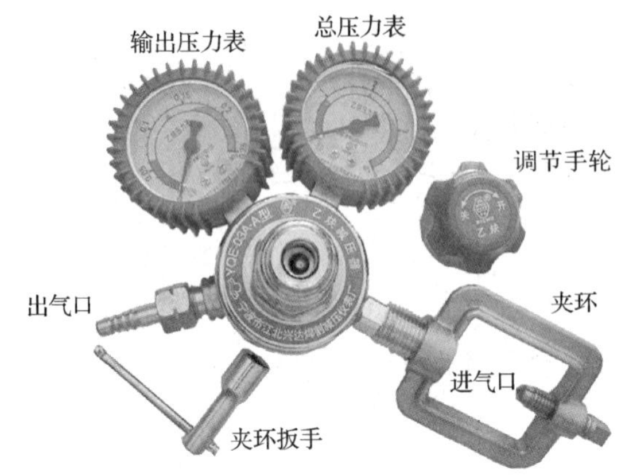

图 3—13　乙炔减压器和夹环的外形

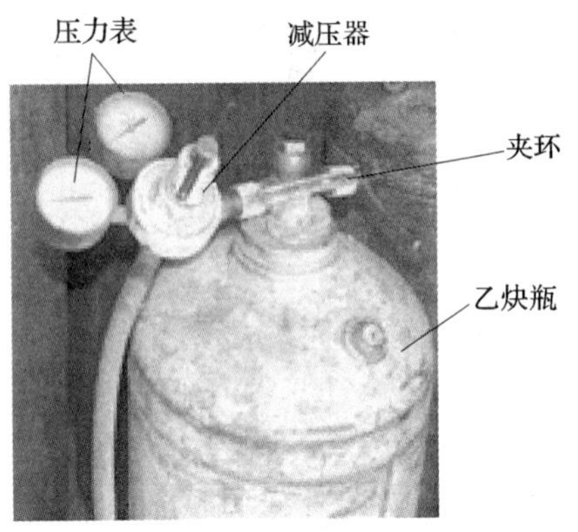

图 3—14　乙炔瓶与减压器用夹环连接

（4）乙炔瓶的使用规章

由于乙炔是易燃易爆气体，因此使用时除要遵循与氧气瓶同样的操作规章外，还应注意以下几点：

1）乙炔瓶无论是使用还是存放都要保持直立，不得卧置，以防止丙酮随乙炔流出。

2）乙炔瓶体温度最高不得超过 40℃，以防止温度过高瓶中的丙酮溶解能力降低而造成危险。

3）乙炔瓶应避免撞击或剧烈震动，以防止填料下沉而出现空洞。

4）使用乙炔时要严格控制流量，过大会使丙酮一起排出而造成危险。

5）夏季露天作业时，乙炔瓶要防止暴晒；冬季使用如遇冻结，应用温度不超过 40℃的温水解冻，不得使用开水或蒸汽。

6）乙炔瓶必须连接乙炔减压器才能使用，绝对不允许在有漏气的情况下使用。

7）乙炔瓶与明火之间应保持 10 m 以上距离，远离热源。

8）乙炔瓶中必须保留 0.05 MPa 以上的余压。

9）乙炔瓶要保持接地，防止静电积蓄产生火花而发生爆炸事故；严禁气瓶下垫绝缘物品。

3. 减压器

减压器的使用注意事项如下。

（1）不同气体必须选用不同的专用减压器，不得混用。

（2）安装减压器前应略打开瓶阀，以吹除污物，防止灰尘或水分带入减压器。

（3）在开启减压器阀时，阀嘴不能朝向人体；安装完毕试开阀时，人体应避开阀嘴方向，以避免连接螺帽脱开伤人。

（4）减压器出口与胶管接头必须用钢丝拧紧，以防止脱开伤人。

（5）开启瓶阀和打开减压器（顺时针为开，逆时针为关）时，动作必须缓慢，以防止动作过快产生静电火花而引起着火。

（6）乙炔减压器严禁接触油类。

（7）减压器阀使用完毕，必须把调压螺钉旋松。

（8）减压器解冻时，要用温水或温度不超过 40℃的热源解冻，绝对不能用火焰或烧红的铁块烘烤。解冻后应及时清除残留的水分。

（9）减压器应经常检查，若有漏气、表针不动等故障，应及时报请修理，不得自行处理。减压器阀必须定期检验，以保证压力表的准确性。

4. 焊炬

（1）焊炬的外形和结构

焊炬的作用是对可燃气体与助燃气体（氧气）进行均匀混合，并控制混合气的比例和流量，以获得不同火力和不同性质的火焰。

焊炬按可燃气体与助燃气体混合方式的不同，可分为射吸式和等压式两种。目前普遍使用的是射吸式焊炬，它适用于低压、中压和瓶装的乙炔。这种焊炬的型号有 H01—2、H01—6、H01—12 和 H01—20① 四种，其外形和结构分别如图 3—15 和图 3—16 所示。

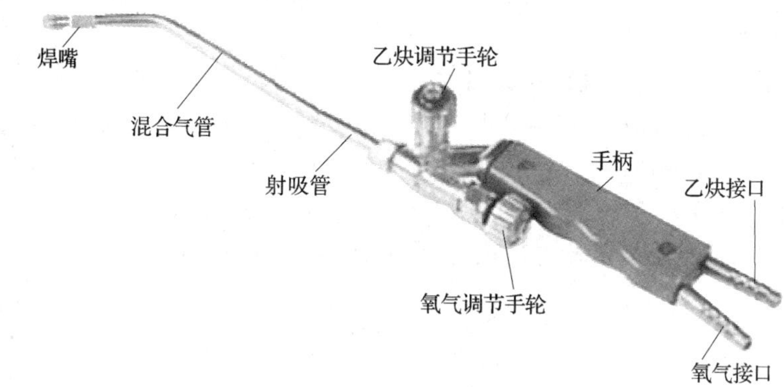

图 3—15　射吸式焊炬的外形

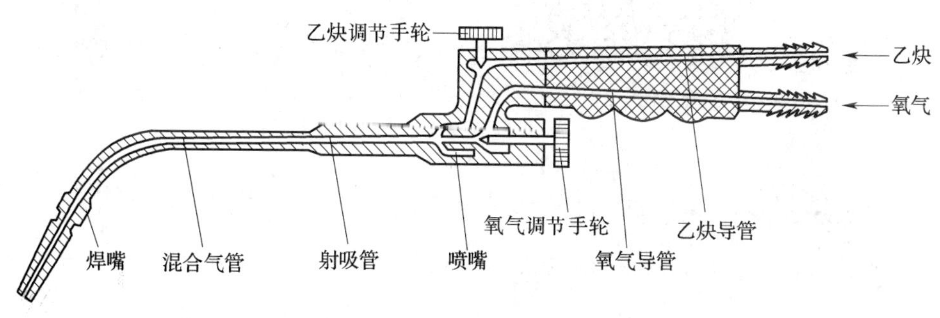

图 3—16　H01—6 焊炬的结构

（2）射吸式焊炬的工作原理

打开氧气瓶阀，氧气从喷嘴中快速喷出，在喷嘴外围形成局部真空。此时，打开乙炔瓶阀，乙炔在氧气负压下被引入，吸入射吸管和混合气管，最后混合气体从焊嘴中喷出。这时若点燃混合气体，立即形成气焊火焰。

（3）焊炬的使用

1）焊炬的握法

通常右手握焊炬，使拇指位于乙炔调节手轮处，食指位于氧气调节手轮处，以便于调节

① H 表示焊炬；01 表示射吸式；2、6、12、20 表示可焊接的最大厚度。

流量，其余三个手指握住焊炬手柄，如图 3—17 所示。

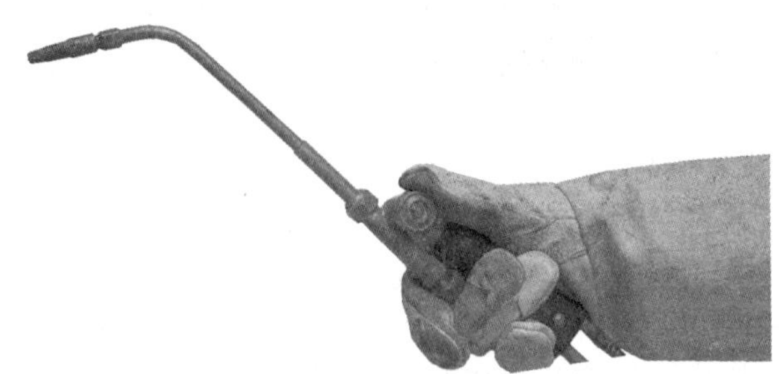

图 3—17　焊炬的握法

2）火焰的点燃

先逆时针方向微开氧气瓶阀手轮放出氧气，再逆时针方向旋转乙炔瓶阀手轮约半圈放出乙炔，然后将焊嘴靠近火源点火。点着后马上调整火力，使火焰形状符合要求。

焊炬的点火方法有两种：一种是用专用点火器点火，方法如图 3—18 所示。图 3—19 所示为一点火器外形。另一种是用火柴点火，点火时手或引燃物要尽量偏离焊嘴，如图3—20a 所示，而不要如图 3—20b 所示让焊嘴正对引燃物或手，以免烧伤。

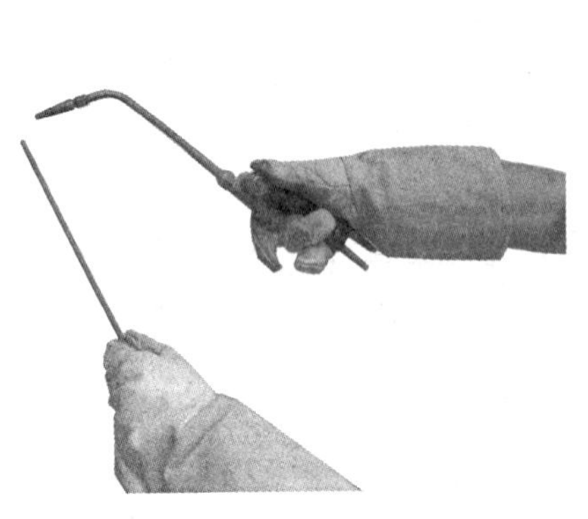

图 3—18　用专用点火器点火的方法

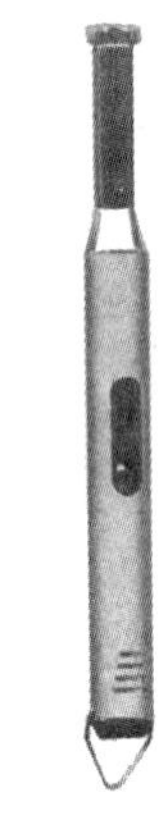

图 3—19　点火器

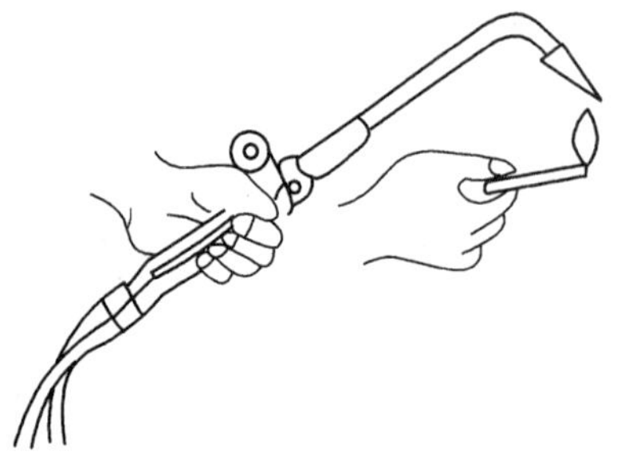

a)

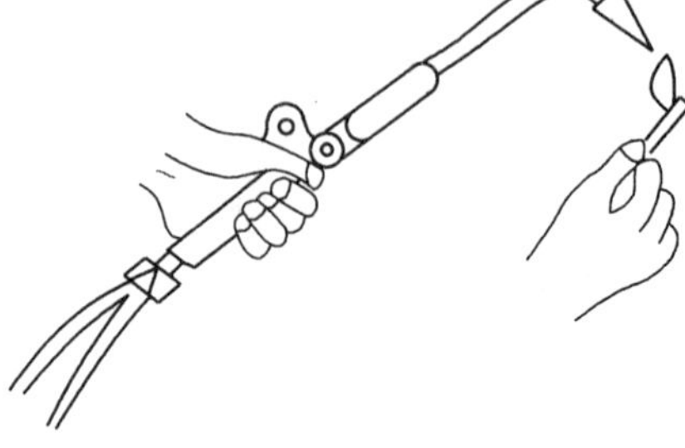

b)

图 3—20　用火柴点火的方法

a）正确　b）错误

开始练习点火时可能会出现连续的放炮声，原因是乙炔不纯，这时应放掉一些不纯的乙炔，然后重新点火。

如果供氧量过大会出现点不着火的现象，这时可适当关小一点氧气瓶阀。

3）火焰性质的调节

因氧气与乙炔的混合比例不同，燃烧形成的火焰也不同，一般划分为三种：

①中性焰

当氧气与乙炔的混合比例（体积比）为 1.1～1.2 时，乙炔得到充分燃烧，既无过剩的氧气，又无过剩的乙炔，这种火焰称为中性焰。中性焰如图 3—21a 所示，分为焰心（白亮）、内焰（颜色相对暗些）和外焰（呈淡蓝色）三部分，但内焰和外焰无明显界限，只能从颜色上加以区分。中性焰的最高温度可达 3 100～3 150℃，位于离焰心尖端 2～4 mm 处。

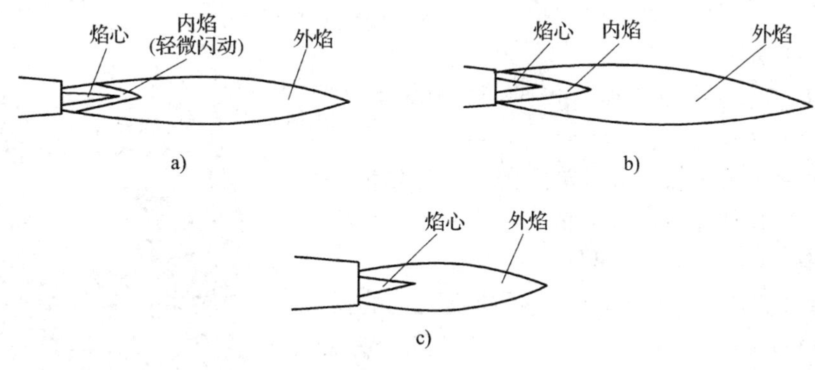

图 3—21　氧气—乙炔火焰的种类和外形

a）中性焰　b）碳化焰　c）氧化焰

②碳化焰

当氧气与乙炔的混合比例小于 1.1 时，乙炔得不到充分燃烧，火焰中有游离的碳，这种火焰称为碳化焰。碳化焰如图 3—21b 所示，分为焰心、内焰和外焰三部分，整个火焰长而柔软，且乙炔比例越少越柔软，当乙炔供应量过大时，火焰开始冒黑烟。

碳化焰具有较强的还原作用和渗碳作用，可使被焊件硬度增强。碳化焰的最高温度为 2 700～3 000℃。

③氧化焰

当氧气与乙炔的混合比例大于 1.2 时，供氧量多于乙炔量，焰外形成富氧区，这种火焰称为氧化焰。在同样的燃气供给量下，氧化焰的长度较短，且供氧比例越大，火焰越短，内焰与外焰的界限越来越模糊，火焰基本上只能分出焰心和外焰两部分，如图 3—21c 所示。氧化焰挺直，燃烧时发出急促的“嘶嘶”声。氧化焰的最高温度为 3 100～3 500℃。

焊接前应根据被焊金属或型材按照表 3—1 对火焰性质进行选择，刚点燃的火焰一般为碳化焰，如需中性焰，则要逆时针旋转氧气瓶阀手轮，增大供氧量；如需氧化焰，继续逆时针旋转氧气瓶阀手轮，进一步增大供氧量。

4）火力（热量）调节

焊接中由于各种金属材料的性质不同，为保证焊接质量，所用的火力也应随之改变，实际生活中人们常采用以下两种方法来实现对火力的调节。

表 3—1　　焊接火焰性质的选择

被焊金属或型材	选用火焰	被焊金属或型材	选用火焰
铸钢	中性焰	锰钢	轻微氧化焰
钢板	中性焰	镀锌钢板	中性焰或轻微氧化焰
钢管	中性焰	灰铸铁	中性焰
高碳钢	轻微碳化焰	铬镍钢	轻微碳化焰
铬钢	中性焰	青铜	轻微氧化焰
低合金钢	中性焰	黄铜	轻微氧化焰
紫铜	中性焰	铝合金	轻微碳化焰

①调节乙炔和氧气瓶阀的开度，控制混合气的流量，从而达到调节火力的目的。

②调节焊炬与被焊工件之间的角度和距离，以改变被焊工件实际吸收热量的大小。

5）火焰的熄灭

焊接工作结束或因故中途暂停时，必须熄灭火焰，正确的方法分为两步：

①先顺时针旋转乙炔调节手轮，直至完全关闭。

②再顺时针旋转氧气调节手轮，直至完全关闭。

5. 软胶管

软胶管是指连接在氧气瓶、乙炔瓶与焊炬之间的胶管，长度一般为 10～20 m，如图 3—22 所示。软胶管分为氧气胶管和乙炔胶管，两者不得相互代用。一般氧气胶管的内径为 8 mm，允许工作压力为 1.5 MPa；乙炔胶管的内径为 10 mm，允许工作压力为 0.5 MPa。按照 GB/T 2550—2016 规定，氧气胶管为蓝色，乙炔胶管为红色。未经压力试验的胶管或沾有油脂的胶管禁止在气焊中使用。

图 3—22　软胶管

二、回火现象、回火防止器及回火的处理

在气焊过程中，由于火焰的燃烧速度高于燃气的流出速度而导致焊接火焰进入软胶管内逆向燃烧的现象称为回火。

为防止回火进入乙炔瓶而引发爆炸，可在乙炔瓶与焊炬之间加装回火防止器。图 3—23 所示为干式回火防止器结构图，其工作原理如下：正常情况下，乙炔从下面打开橡胶反向活门进入阀体，经过滤器后从上端出口接头通过软胶管送至焊炬。发生回火时，火焰从混合气管进入回火防止器内，被多孔过滤器阻燃而熄灭，由于火焰使压力突然升高，防爆橡皮膜破裂，爆炸气体排出；同时橡胶反向活门关闭，

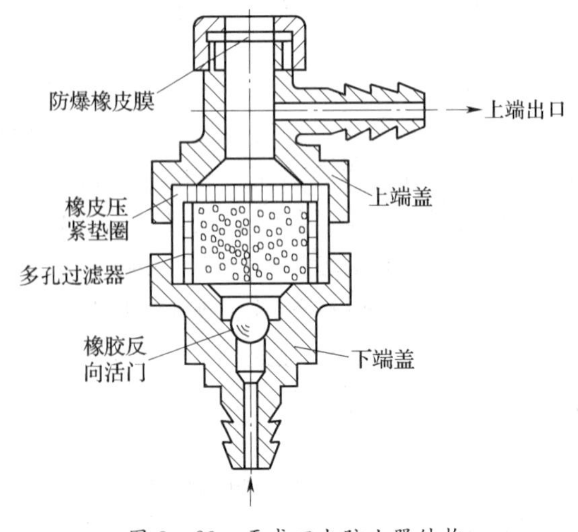

图 3—23　干式回火防止器结构

暂停供气。由于橡胶反向活门的关闭是暂时的，爆炸气体排出，爆炸室压力下降至正常值后，乙炔压力重新将橡胶反向活门顶开继续供气，因此，当出现上述现象后，应及时关闭乙炔瓶阀，更换防爆橡皮膜后才能继续使用。

三、气焊基本操作实训

1. 实训设备、工具和材料

氧气瓶（满瓶）、氧气减压器、乙炔瓶（满瓶）、乙炔减压器、夹环、H01—6 焊炬、干式回火防止器、软胶管（长 12 m，红色、蓝色各 1 根）、管卡、点火器。

2. 实训内容和步骤

（1）气焊设备连接

按图 3—24 所示将各气焊设备连接好，各接口用管卡卡紧。

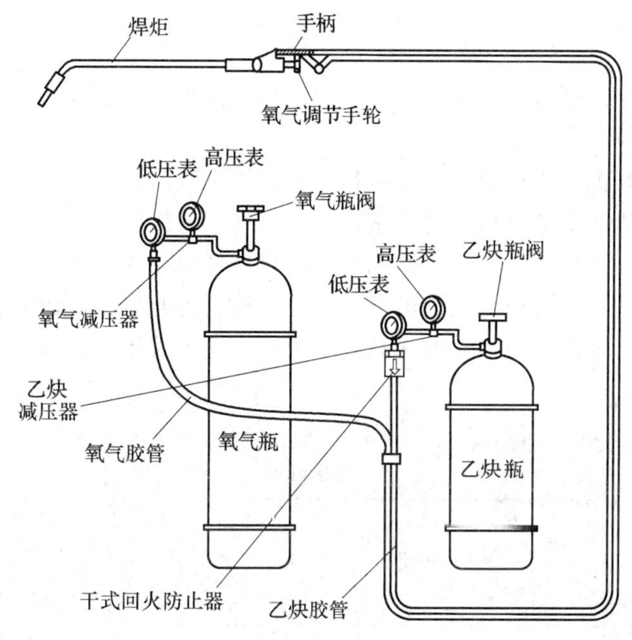

图 3—24 气焊设备连接

（2）调节压力

打开氧气瓶阀，调节氧气减压器，使其读数约为 0.25 MPa，如图 3—25 所示。

打开乙炔瓶阀，调节乙炔减压器，使其读数约为 0.12 MPa，如图 3—26 所示。

（3）点火、火焰性质选择和火力调节

按照正确的火焰点燃方法点火，随后依次将火焰选择为碳化焰、中性焰和氧化焰，并分别进行大、中、小三种火力调节。

（4）熄火、关闭减压器和阀门、放掉剩余气体

按照正确的方法熄火，随后依次关闭氧气减压器、氧气瓶阀和乙炔减压器、乙炔瓶阀，然后放掉两胶管中的剩余气体，最后通过氧气调节手轮和乙炔调节手轮关断焊炬。

（5）气焊设备拆卸

图 3—25　调节氧气输出压力

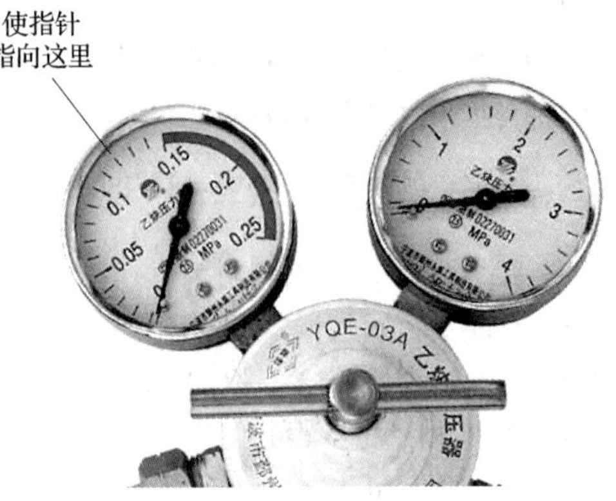

图 3—26　调节乙炔输出压力

3. 注意事项

（1）各项操作由教师先做示范。

（2）各项操作必须严格按照相关步骤、方法和操作规章并在教师的指导和严格监视下按序逐一进行。

（3）氧气和乙炔的输出压力必须准确地调整为给定数值，不得随意选择。

（4）安装软胶管要夹紧，但不可太紧，以不漏气、易拆装为好。

（5）点火时要注意安全，严禁将焊嘴近距离指向任何人或物体。

（6）点火时应先稍微开启焊炬上的氧气调节手轮，再开启乙炔调节手轮，然后送到火源上点燃，再调节两个调节手轮来控制火焰。熄火时，应先关闭乙炔调节手轮，再关闭氧气调节手轮。

4. 考核标准（见表 3—2）

表 3—2　考核标准

班级		姓名		学号		成绩	
课题名称	气焊基本操作实训			实训时间			
项目	评分标准						配分
气焊设备连接	正确		基本正确		不正确		10
	8～10		6～7		0～5		
调节压力	正确		基本正确		不正确		10
	8～10		6～7		0～5		
点火	正确		基本正确		不正确		10
	8～10		6～7		0～5		
火焰性质选择	正确		基本正确		不正确		10
	8～10		6～7		0～5		
火力调节	正确		基本正确		不正确		10
	8～10		6～7		0～5		
熄火、关阀门	正确		基本正确		不正确		10
	8～10		6～7		0～5		

续表

项目	评分标准			配分
放余气、拆卸	正确	基本正确	不正确	10
	8～10	6～7	0～5	
完成课题	按时、独立	基本按时、独立	不按时、不独立	10
	8～10	6～7	0～5	
设备、工具保养	好	一般	差	5
	5	3～4	0～2	
安全文明操作	好	一般	差	5
	5	3～4	0～2	
实训报告	认真	较认真	不认真	10
	8～10	6～7	0～5	

课题二　制冷维修专用小型气焊设备

学习目的

1. 了解制冷维修专用小型气焊设备的结构。

2. 掌握制冷维修专用小型气焊设备氧气和燃气的转移灌装方法。

3. 初步掌握制冷维修专用小型气焊设备的点火、调节和熄火方法。

一、制冷维修专用小型气焊设备基本知识

1. 制冷维修专用小型气焊设备的结构

在制冷维修中有专用的小型气焊设备，如图 3—27 所示，其结构和工作原理与前面介绍的气焊设备基本相同。

2. 氧气和燃气的转移灌装

（1）氧气的转移灌装

制冷维修专用小型气焊设备氧气的转移灌装方法如图 3—28 所示，具体步骤和方法如下：

1）用大扳手将氧气转接口的进口端旋紧在标准氧气瓶的接口上。

2）将氧气转接口的出口端旋紧在制冷维修专用小型气焊设备的氧气瓶接口上，但不要旋紧，以便于下一步排出转接口中的空气。

3）稍微旋开标准氧气瓶上的氧气瓶阀手轮少许后迅速关紧，利用瓶中氧气将转接口中的空气排出；同时迅速将转接口与制冷专用氧气瓶上的螺母旋紧。

4）迅速打开标准氧气瓶上的氧气瓶阀，将氧气灌入制冷专用氧气瓶中。

5）数十秒钟后，先后关闭标准氧气瓶、制冷专用氧气瓶的氧气瓶阀，旋下转接器两边的接口，灌装完成。

（2）燃气的转移灌装

制冷维修专用小型气焊设备所用的燃气通常有丁烷、乙炔和液化石油气。使用丁烷时，

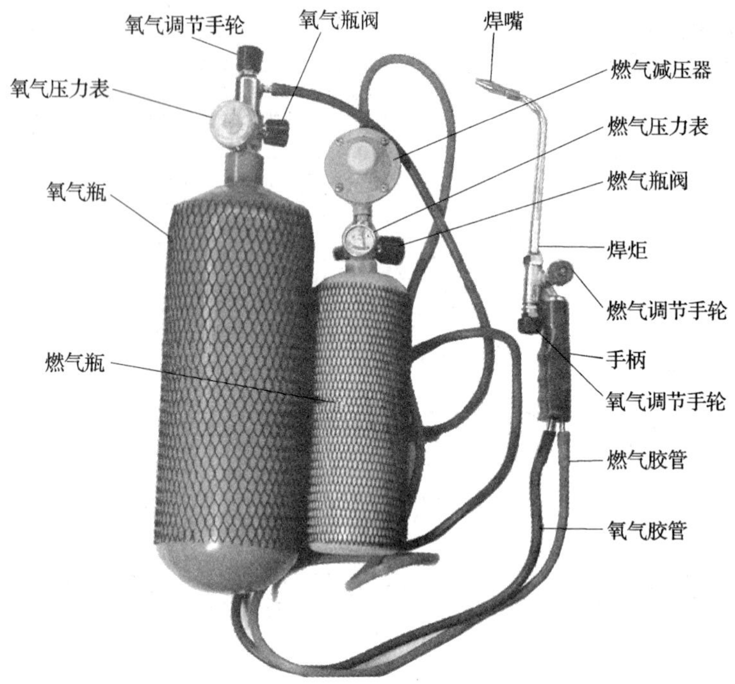

图 3—27　制冷维修专用小型气焊设备

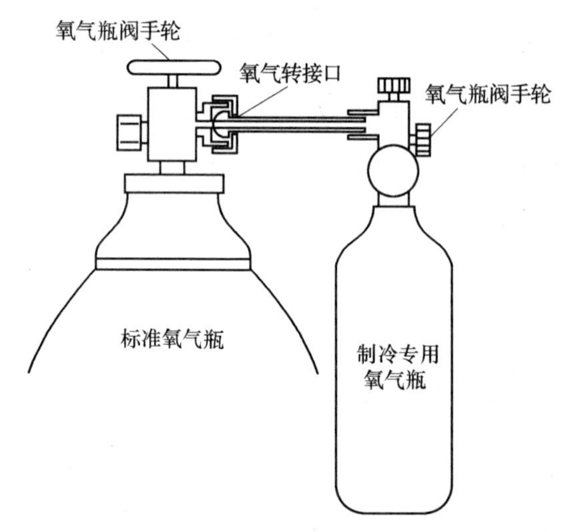

图 3—28　制冷维修专用小型气焊设备氧气的转移灌装方法

只需如图 3—29 所示，用丁烷转接口将丁烷气体通入焊炬便可。但因丁烷气罐容积小、价格高，所以实际生活中大多以液化石油气或乙炔作为燃气，这两种燃气的转移灌装方法如图 3—30 所示，具体步骤和方法如下：

1）旋松制冷专用燃气瓶上的灌装口螺塞，将瓶中的余气放掉，但不要放尽。

2）将液化石油气或乙炔瓶倒置后倾斜约 20°，防止瓶中的机械杂质流出而卡住氧气瓶阀。

将燃气转接口的进口端旋紧在液化石油气或乙炔瓶的接口上；出口端旋紧在制冷专用燃

图 3—29　用丁烷作为燃气

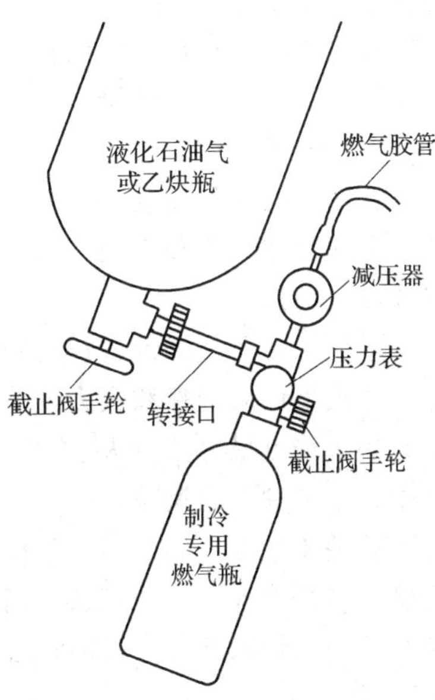

图 3—30　制冷维修专用小型气焊设备燃气的转移灌装方法

气瓶接口上，但不要旋紧，以便于下一步排出转接口中的空气。

3）稍微旋开液化石油气或乙炔瓶上的氧气瓶阀手轮少许后迅速关紧，利用瓶中燃气将转接口中的空气排出；同时迅速将转接口与制冷专用燃气瓶上的螺母旋紧。

4）将制冷专用燃气瓶上的氧气瓶阀开至最大，迅速打开液化石油气或乙炔瓶上的氧气瓶阀，将燃气灌入制冷专用燃气瓶中。

5）数十秒钟后，先后关闭液化石油气或乙炔瓶和制冷专用燃气瓶上的氧气瓶阀，旋下转接器两边的接口，灌装完成。

（3）注意事项

1）转移灌装氧气和燃气时除应严格遵循有关使用规章外，周围不得有明火。

2）制冷维修专用小型气焊设备氧气瓶中的氧气和燃气瓶中的燃气不得放尽。

3）在燃气的转移灌装中，一定要使钢瓶保持倾斜，不得直立倒置。

二、制冷维修专用小型气焊设备的使用

1. 小型气焊设备的连接

小型气焊设备的连接方法如图 3—27 所示，连接中应注意两个问题：

（1）氧气和燃气分别使用蓝色软胶管和红色软胶管，不得相互代用。

（2）氧气管和燃气管与焊炬连接时不要弄错，红色软胶管套插标有“C_2H_2”的接头，蓝色软胶管套插标有“O_2”的接头。

2. 小型气焊设备的点火、调节和熄火

小型气焊设备的点火、调节和熄火方法与一般气焊设备的方法和步骤完全一样。

三、制冷维修专用小型气焊设备操作实训

1. 实训设备、工具和材料

制冷维修专用小型气焊设备、大扳手、中型活扳手、钢丝钳、铁丝、40 L标准氧气瓶（满瓶）、罐装丁烷气体、丁烷转接口、液化石油气或乙炔瓶、点火器。

2. 实训内容和步骤

（1）氧气和燃气的转移灌装

严格按照上述灌装步骤和方法进行氧气和燃气的转移灌装。

（2）气焊设备的连接

按图3—27所示将各气焊设备连接好，并用铁丝将各接口处软胶管扎紧。

（3）点火、火焰性质选择和火力调节

按照正确的火焰点燃方法点火，随后依次将火焰选择为碳化焰、中性焰和氧化焰，并分别进行大、中、小三种火力调节。

（4）熄火、关闭减压器和阀门、放掉剩余气体

按照正确的方法熄火，随后依次关闭氧气减压器、氧气瓶阀和乙炔减压器、乙炔瓶阀，然后放掉两胶管中的剩余气体，最后通过氧气调节手轮和乙炔调节手轮关断焊炬。

3. 注意事项

（1）各项操作由教师先做示范。

（2）各项操作必须严格按照相关步骤、方法和操作规章并在教师的指导和严格监视下按序逐一进行。

（3）点火时要注意安全，严禁将焊嘴近距离指向任何人或物体。

4. 考核标准（见表3—3）

表3—3　考核标准

班级		姓名		学号		成绩	
课题名称	制冷维修专用小型气焊设备操作实训			实训时间			
项目	评分标准						配分
氧气的转移灌装	正确		基本正确		不正确		20
	17～20		12～16		0～11		
燃气的转移灌装	正确		基本正确		不正确		20
	17～20		12～16		0～11		
气焊设备的连接	正确		基本正确		不正确		8
	7～8		5～6		0～4		
点火	正确		基本正确		不正确		8
	7～8		5～6		0～4		
火焰性质选择	正确		基本正确		不正确		8
	7～8		5～6		0～4		
火力调节	正确		基本正确		不正确		8
	7～8		5～6		0～4		

续表

项目	评分标准			配分
熄火、关阀门	正确	基本正确	不正确	8
	7～8	5～6	0～4	
完成课题	按时、独立	基本按时、独立	不按时、不独立	5
	5	3～4	0～2	
设备、工具保养	好	一般	差	5
	5	3～4	0～2	
安全文明操作	好	一般	差	5
	5	3～4	0～2	
实训报告	认真	较认真	不认真	5
	5	3～4	0～2	

课题三　小型制冷设备用紫铜管的钎焊

学习目的

1. 了解钎焊的概念和银钎焊工艺。
2. 初步掌握小型制冷设备用紫铜管的低银钎焊操作方法。

一、钎焊的定义和分类

1. 钎焊的定义

钎焊是利用熔点比母材（被焊工件）低的金属作为钎料（焊料），加热后，钎料熔化，焊件不熔化，利用液态钎料润湿母材，填充接头间隙并与母材相互扩散，将焊件牢固地连接在一起的焊接方法，如图 3—31 所示。

根据钎料熔点的不同，可将钎焊分为软钎焊和硬钎焊两种。

软钎焊的钎料熔点低于 450℃，接头强度通常小于 70 MPa。硬钎焊的钎料熔点高于 450℃，接头强度通常高于 200 MPa。

钎焊接头的承载能力与接头连接面大小有关，因此钎焊一般采用搭接焊和套接焊，分别如图 3—32 和图 3—33 所示，以弥补钎焊强度的不足。

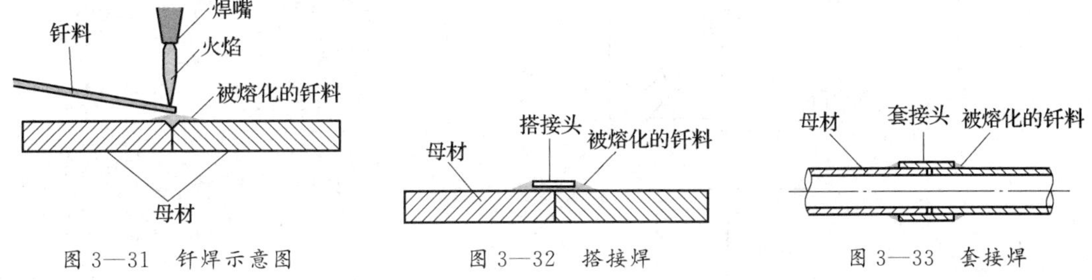

图 3—31　钎焊示意图　　图 3—32　搭接焊　　图 3—33　套接焊

2. 钎焊的分类

制冷维修中使用硬钎焊，一般分为银钎焊和铜钎焊两种。紫铜管之间的焊接宜选用含银

2%（HL209）和含银 5%（HL205）的低银焊条，如图 3—34 所示，这种钎焊俗称银钎焊。而铜管与钢管或钢管与钢管之间的焊接宜选用黄铜焊条，且必须配用硼砂或其他焊粉、焊药，如图 3—35 所示，这种钎焊俗称铜钎焊。

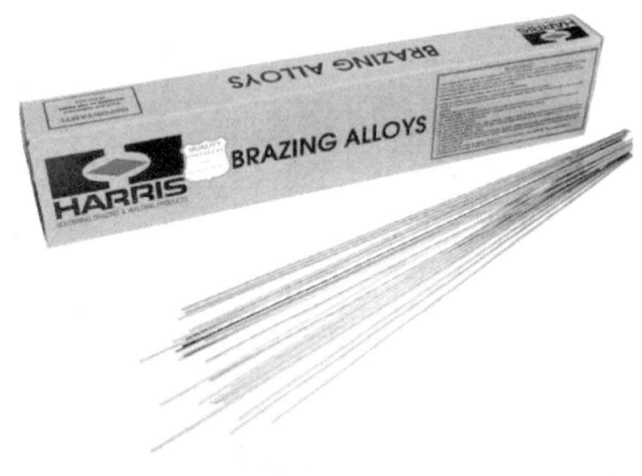

图 3—34 低银焊条

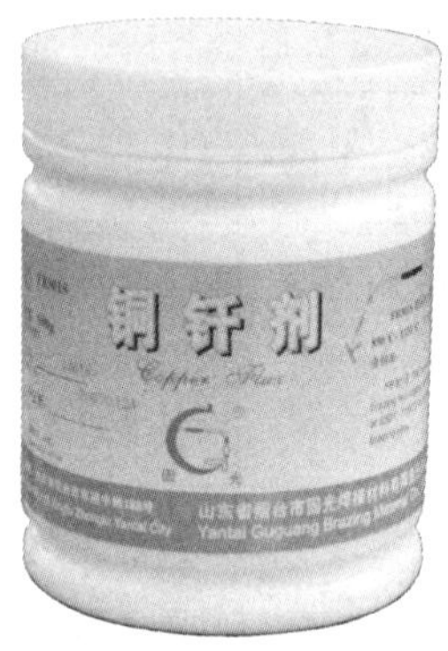

图 3—35 铜焊粉

二、紫铜管的低银钎焊实训

1. ϕ6 mm 和 ϕ8 mm 紫铜管之间的低银钎焊实训

（1）实训设备、工具和材料

钳台，台虎钳，制冷维修专用小型气焊设备，大割刀，倒角器，钢丝钳，平锉，钢直尺，钢卷尺，ϕ6 mm、ϕ8 mm 紫铜管，低银焊条，点火器。

（2）实训内容和步骤

1）用大割刀截取 ϕ6 mm、ϕ8 mm 两种规格的紫铜管各 200 mm，进行简单的内、外倒角处理。

2）如图 3—36 所示，将 ϕ6 mm 紫铜管夹在台虎钳上。

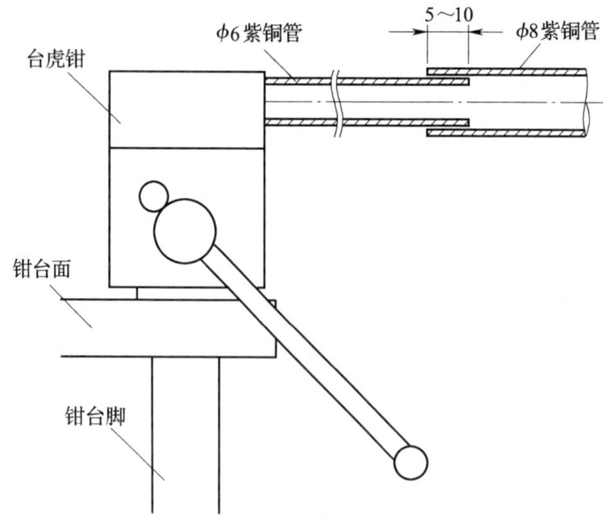

图 3—36 待钎焊紫铜管夹在台虎钳上

注意：不要夹得太紧，否则 ϕ6 mm 紫铜管容易变形；焊接处应尽可能远离台虎钳钳口，以减少热量的耗散并避免对台虎钳的损坏。

3）将 ϕ8 mm 紫铜管套入 ϕ6 mm 紫铜管约 5～10 mm。

4）点燃焊炬，调至中小火力、中性焰。

5）用右手握住焊炬，将火焰沿水平方向移向母材，使外焰刚好触及母材表面，火焰垂直于待焊面，进行加热，如图 3—37 所示。

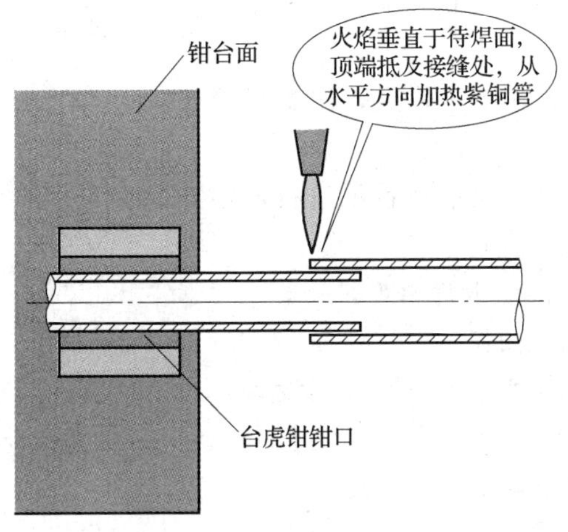

图 3—37　加热母材（俯视）

6）待被加热处紫铜管表面呈暗红色，左手拿稳低银焊条一端，将另一端轻微用力压在紫铜管的连接处顶端，依靠母材的间接加热，低银焊条熔化，使焊料均匀渗入接缝，如图 3—38 所示。

7）在接缝逐渐渗入焊料时，火焰适时后撤，如图 3—39 所示。

8）当全部接缝都均匀地渗入焊料后，撤去焊条，熄火。

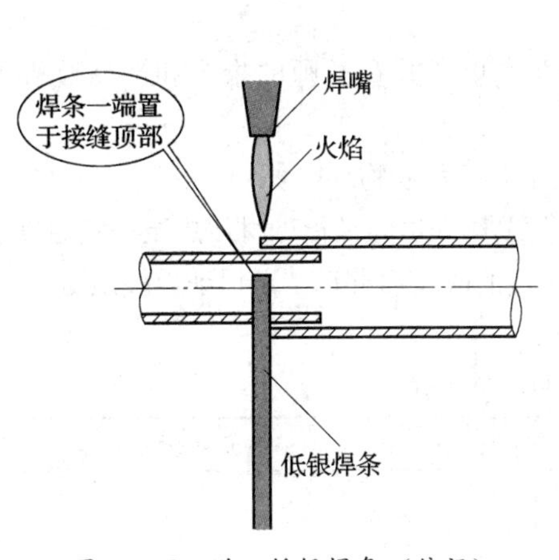

图 3—38　送入低银焊条（俯视）

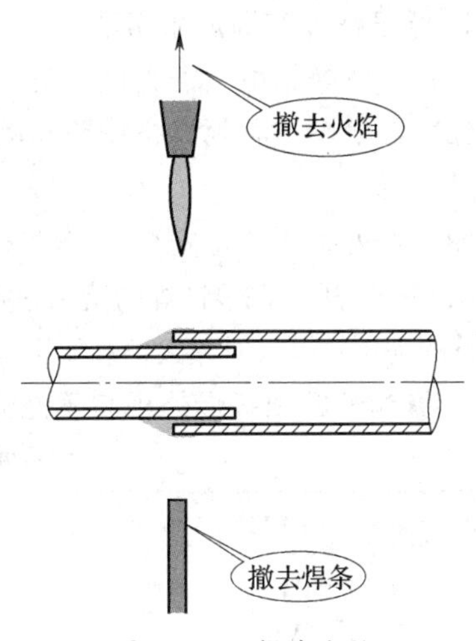

图 3—39　撤去火焰

2. ϕ6 mm 和 ϕ10 mm 紫铜管之间的低银钎焊实训

（1）实训设备、工具和材料

钳台，台虎钳，制冷维修专用小型气焊设备，大割刀，倒角器，钢丝钳，平锉，钢直尺，钢卷尺，ϕ6 mm、ϕ10 mm 紫铜管，低银焊条，点火器。

（2）实训内容和步骤

1）用大割刀截取 ϕ6 mm、ϕ10 mm 两种规格的紫铜管各 200 mm，进行简单的内、外倒角处理。

2）将 ϕ10 mm 紫铜管套入 ϕ6 mm 紫铜管 5～10 mm。

3）如图 3—40 所示，用钢丝钳将 ϕ10 mm 紫铜管一端夹扁。

4）将 ϕ6 mm 紫铜管夹在台虎钳上，注意焊接处应尽可能远离台虎钳钳口。

5）点燃焊炬，调至中小火力、中性焰进行低银钎焊。完成后熄火，操作方法同前。

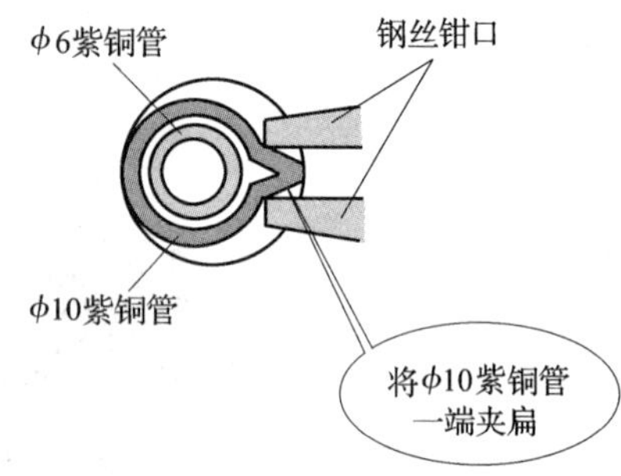

图 3—40　用钢丝钳将 ϕ10 mm 紫铜管一端夹扁

3. ϕ6 mm 紫铜管之间的低银钎焊实训

（1）实训设备、工具和材料

钳台、台虎钳、制冷维修专用小型气焊设备、大割刀、倒角器、胀口器、钢丝钳、平锉、钢直尺、钢卷尺、ϕ6 mm 紫铜管、低银焊条、点火器。

（2）实训内容和步骤

1）用大割刀截取两段 ϕ6 mm 规格的紫铜管 200 mm，进行简单的内、外倒角处理。

2）用胀口器将其中一段紫铜管胀成一内径为 6 mm 的胀口。

3）将胀口套入 ϕ6 mm 紫铜管，如图 3—41 所示。

4）将 ϕ6 mm 紫铜管一端夹在台虎钳上。

5）点燃焊炬，调至中小火力、中性焰进行低银钎焊。完成后熄火，操作方法同前。

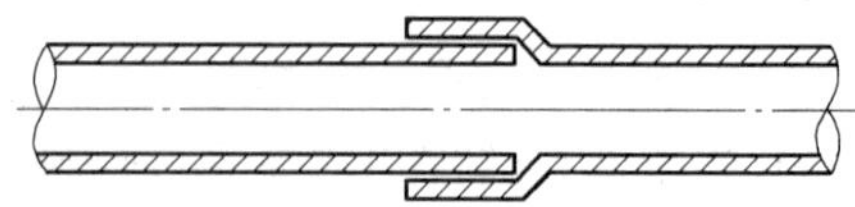

图 3—41　将胀口套入 ϕ6 mm 紫铜管

4. 低银钎焊实训注意事项

（1）各项操作由教师先做示范。

（2）各项操作必须严格按照相关步骤、方法和操作规章并在教师的指导和严格监视下按序逐一进行。

（3）点火时要注意安全，严禁将焊嘴近距离指向任何人或物体。

（4）如果进行低银钎焊的紫铜管直径超过 20 mm，送丝（送丝是指母材加热至一定温度后送入焊条的动作）焊接时，火焰和低银焊条通常应随焊接点的改变而移动，以保证焊接质量。

5. 紫铜管低银钎焊外观与质量分析（见表 3—4）

表 3—4　紫铜管的低银钎焊外观与质量分析

外观图示	外观评价	质量分析
	焊料浸润、饱满，覆盖均匀，外表光洁	操作方法正确，焊料用量合适，机械强度高，密封性能好

续表

外观图示	外观评价	质量分析
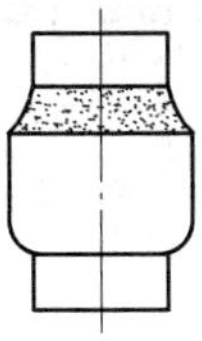	焊料用量不足	焊接时焊条在母材表面停留时间过短，机械强度不高
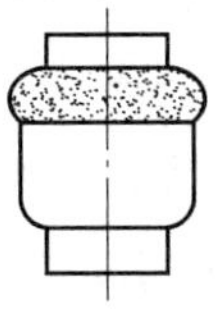	焊料用量过多	焊接时焊条在母材表面停留时间过长
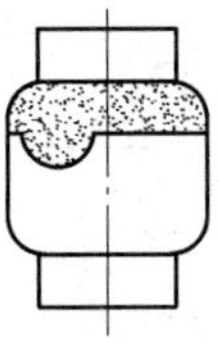	焊料滴挂凸起	母材加热方法不适当，送丝过多
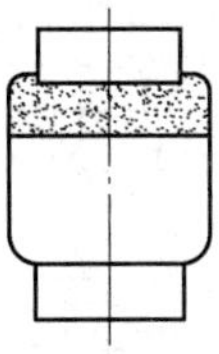	焊料不浸润	母材加热温度过低，机械强度和密封性能较差
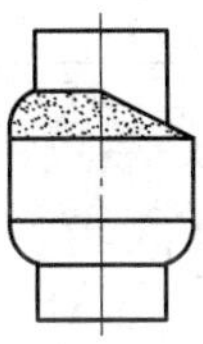	焊料覆盖不均匀，一边多，另一边少	母材加热不均匀，送丝不合理
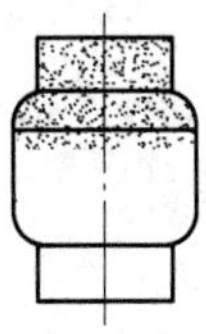	母材和焊料发黑	加热时间过长，影响机械强度
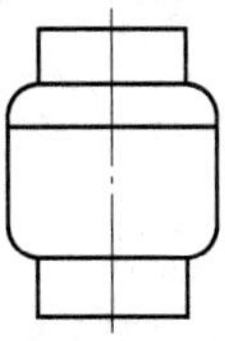	焊料发白	焊接后用水迅速降温造成接口脆化，影响机械强度和密封性能
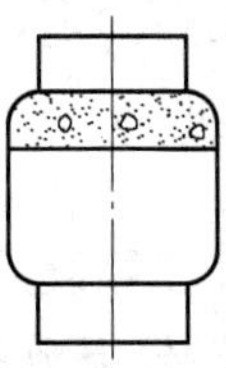	焊料表面粗糙，有气孔	加热方法不正确，对焊条进行长时间直接加热，机械强度和密封性能较差

6. 低银钎焊实训考核标准（见表3—5）

表3—5　　考核标准

班级		姓名		学号		成绩	
课题名称	紫铜管的低银钎焊实训				实训时间		
项目	评分标准						配分
管子加工质量	好		一般		差		10
	8～10		6～7		0～5		
焊炬使用	正确		基本正确		不正确		10
	8～10		6～7		0～5		
钎焊方法和步骤	正确		基本正确		不正确		30
	25～30		18～24		0～17		
焊接质量	好		一般		差		30
	25～30		18～24		0～17		
完成课题	按时、独立		基本按时、独立		不按时、不独立		5
	5		3～4		0～2		
设备、工具保养	好		一般		差		5
	5		3～4		0～2		
安全文明操作	好		一般		差		5
	5		3～4		0～2		
实训报告	认真		较认真		不认真		5
	5		3～4		0～2		

三、紫铜管的铜钎焊实训

1. ϕ8 mm 和 ϕ10 mm 紫铜管之间的铜钎焊实训

（1）实训设备、工具和材料

钳台，台虎钳，制冷维修专用小型气焊设备，大割刀，倒角器，胀口器，钢丝钳，平锉，钢直尺，钢卷尺，ϕ8 mm、ϕ10 mm 紫铜管，铜焊条，铜焊粉，点火器。

（2）实训步骤

1）用大割刀截取 ϕ8 mm、ϕ10 mm 两种规格的紫铜管各 200 mm，进行简单的内、外倒角处理。

2）将 ϕ8 mm 紫铜管夹在台虎钳上。

3）将 ϕ10 mm 紫铜管套入 ϕ8 mm 紫铜管约 5～10 mm。

4）点燃焊炬，调至中等火力、中性微偏氧化性火焰。

5）将铜焊条适当加热后，蘸取适量铜焊粉（将加热的铜焊条插入焊粉瓶少顷，提取）。

6）右手握住焊炬，将火焰自上而下移向母材，外焰正好触及母材表面，火焰垂直于待焊面，进行加热。

7）当被加热处紫铜管表面呈暗红色时，将沾在焊条上的焊粉均匀地涂于接缝处。

8）待被加热处紫铜管表面呈亮红色时，左手将蘸取焊粉一端的焊条轻轻搁放在紫铜管的连接处顶端，这时火焰在继续加热母材的同时，直接加热铜焊条，如图 3—42 所示。少顷铜焊条开始熔化，逐渐渗入接缝。

9）当接缝全部均匀地渗入铜焊料后，同时撤去火焰和焊条，熄火，焊接完成。

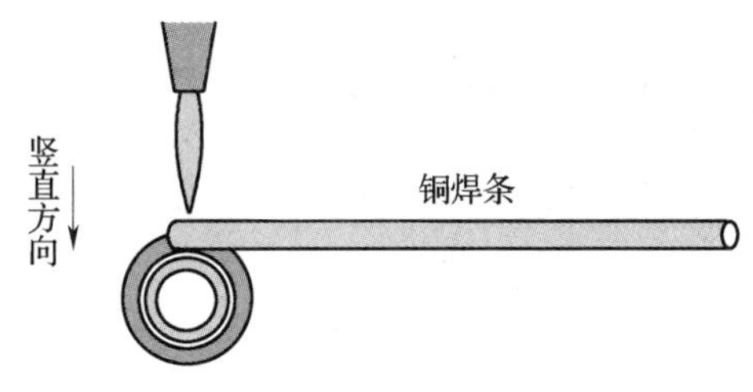

图 3—42　铜钎焊对母材的加热和送丝方法

2. ϕ5 mm 邦迪管与 ϕ8 mm 紫铜管之间的铜钎焊实训

（1）实训设备、工具和材料

钳台、台虎钳、制冷维修专用小型气焊设备、大割刀、倒角器、胀口器、钢丝钳、平锉、钢直尺、钢卷尺、ϕ5 mm 邦迪管、ϕ8 mm 紫铜管、铜焊条、铜焊粉、点火器。

（2）实训步骤

1）用大割刀截取 ϕ5 mm 邦迪管和 ϕ8 mm 紫铜管各 200 mm，进行简单的内、外倒角处理。

2）将 ϕ5 mm 邦迪管插入 ϕ8 mm 紫铜管 5～10 mm。

3）用钢丝钳将 ϕ8 mm 紫铜管插入邦迪管的一端夹扁约 5 mm，方法参见图 3—40。

4）将 ϕ5 mm 邦迪管夹在台虎钳上，注意焊接处应尽可能远离台虎钳钳口。

5）点燃焊炬，调至中等火力、中性微偏氧化性火焰进行铜钎焊。完成后熄火，操作方法同前。

3. 铜钎焊注意事项

（1）进行铜钎焊时火焰性质和火力应视母材的不同而略有区别，当母材管径较大时，应将火力适当调大。

（2）送丝时，火焰应保持原先位置不得撤离。当母材管径较大时，还应与焊条一起移动，否则难以保证焊接质量。

4. 铜钎焊实训考核标准（见表 3—6）

表 3—6　考核标准

班级		姓名		学号		成绩	
课题名称	紫铜管的铜钎焊实训			实训时间			
项目	评分标准						配分
管子加工质量	好		一般		差		10
	8～10		6～7		0～5		
焊炬使用	正确		基本正确		不正确		10
	8～10		6～7		0～5		
钎焊方法和步骤	正确		基本正确		不正确		30
	25～30		18～24		0～17		
焊接质量	好		一般		差		30
	25～30		18～24		0～17		
完成课题	按时、独立		基本按时、独立		不按时、不独立		5
	5		3～4		0～2		

续表

项目	评分标准			配分
设备、工具保养	好	一般	差	5
	5	3～4	0～2	
安全文明操作	好	一般	差	5
	5	3～4	0～2	
实训报告	认真	较认真	不认真	5
	5	3～4	0～2	

课题四　毛细管和家用电冰箱、房间空调器用干燥过滤器的焊接

学习目的

1. 初步掌握毛细管与中小直径紫铜管的焊接技术。
2. 初步掌握毛细管与家用电冰箱和房间空调器用干燥过滤器的焊接技术。
3. 初步掌握毛细管的对接焊技术。

一、毛细管焊接的特点

毛细管是内径 0.5～3 mm、外径 2～4 mm 的紫铜管，家用电冰箱和大多数房间空调器都用毛细管作为节流器件。通常，毛细管一端与干燥过滤器相连，另一端与蒸发器相连，如图 3—43 所示。由于毛细管的管径细小，热容量很小，因此，它只能采用温度相对较低的低银钎焊，而且加热方式与一般的低银钎焊有所区别。另外，由于毛细管的内径很小，焊接过程中应特别注意，防止“焊堵”。

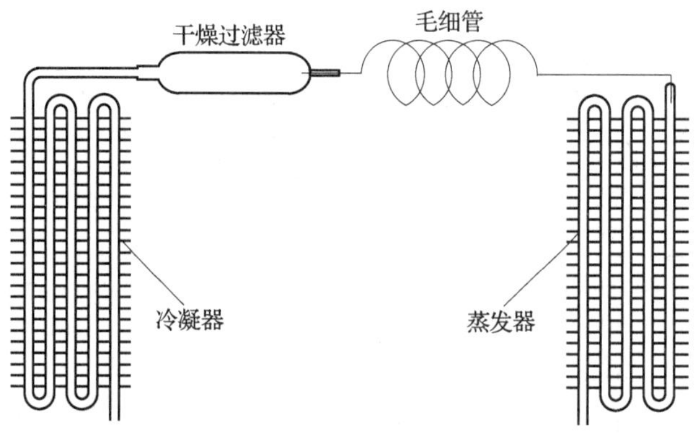

图 3—43　在制冷系统中，毛细管与干燥过滤器和蒸发器相连

二、毛细管焊接实训

1. 毛细管与 φ8 mm 紫铜管的焊接实训

（1）实训设备、工具和材料

钳台、台虎钳、制冷维修专用小型气焊设备、大割刀、毛细管剪刀、倒角器、钢丝钳、钢直尺、ϕ2 mm 毛细管、ϕ8 mm 紫铜管、低银焊条、点火器。

（2）实训步骤

1）用毛细管剪刀截取 ϕ2 mm 毛细管 100 mm。

2）用大割刀割取 ϕ8 mm 紫铜管 100 mm，进行简单的内、外倒角处理。

3）将 ϕ2 mm 毛细管插入 ϕ8 mm 紫铜管约 20 mm 后，用钢丝钳将 ϕ8 mm 紫铜管插入毛细管的那一端夹扁，如图 3—44 所示。

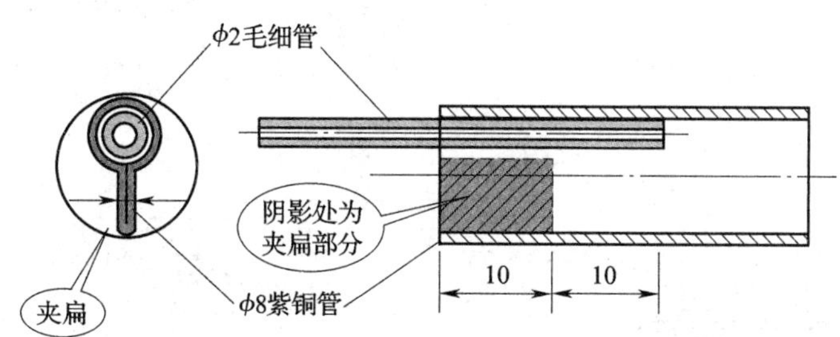

图 3—44　毛细管插入 ϕ8 mm 紫铜管约 20 mm 后夹扁

4）将 ϕ8 mm 紫铜管夹在台虎钳上，毛细管位于上端，并使焊接处尽可能远离台虎钳钳口。

5）点燃焊炬，调至中等偏小火力、中性焰。

6）火焰从与管轴约成 45°方向对母材进行加热，加热时要求外焰顶点抵及 ϕ8 mm 紫铜管上端边缘，如图 3—45 所示。

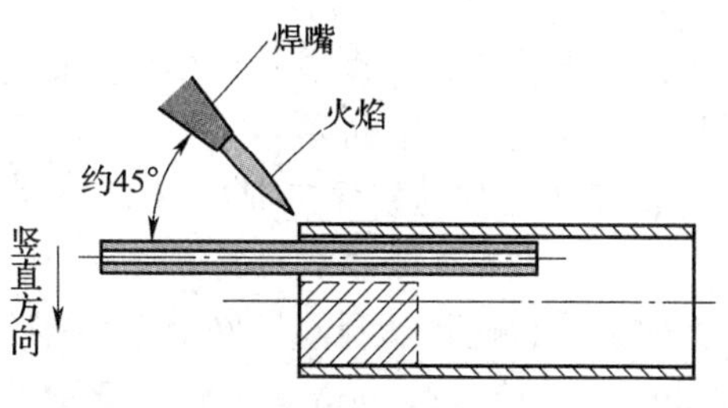

图 3—45　母材加热方法

7）当被加热处紫铜管表面略呈暗红色时，将低银焊条紧靠上部接缝处，利用高温状态下的母材和火焰的部分外焰加热熔化。在分子引力和重力的双重作用下，熔化后的焊料从上到下遍布连接处四周，并部分渗入焊缝。必要时可在焊条开始熔化后慢慢向下移动，以使焊料均匀覆盖和渗入焊缝，如图 3—46 所示。

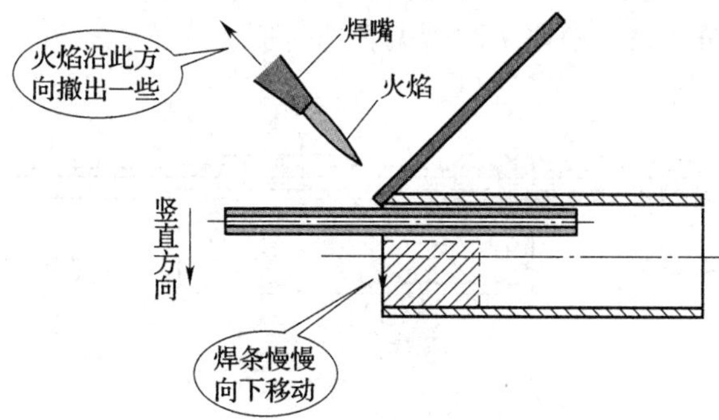

图 3—46　毛细管与 ϕ8 mm 紫铜管的焊接

8）当全部接缝都均匀地渗入焊料后，撤去焊条，熄火。

2. 毛细管与干燥过滤器的焊接实训

（1）实训设备、工具和材料

钳台、台虎钳、制冷维修专用小型气焊设备、毛细管剪刀、钢丝钳、钢直尺、$\phi 2$ mm 毛细管、家用电冰箱用干燥过滤器、低银焊条、点火器。

（2）实训步骤

1）用毛细管剪刀截取 $\phi 2$ mm 毛细管 100 mm，剪切口要求为斜口状，如图 3—47 所示。

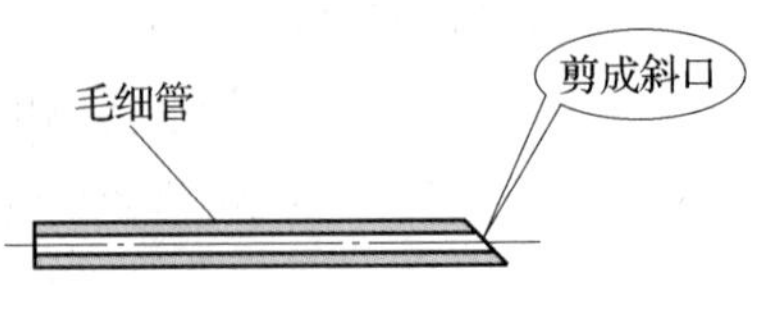

图 3—47　毛细管一端剪成斜口

2）将干燥过滤器轻轻地夹在台虎钳上，然后将毛细管的斜口端插入干燥过滤器约20 mm，如图 3—48 所示。

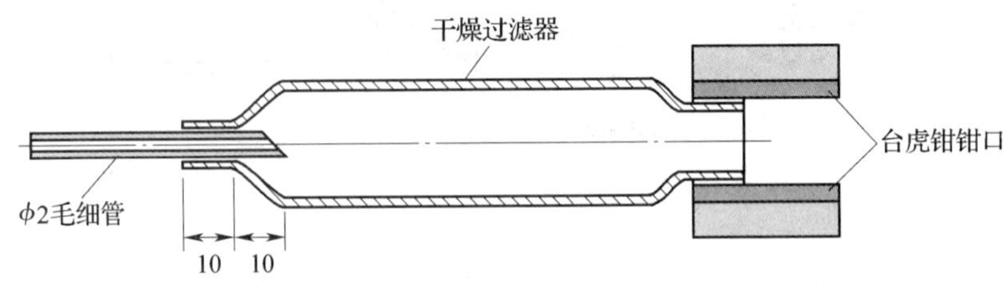

图 3—48　毛细管夹在台虎钳上待焊

接下来的点火、火力和火焰调节以及焊接方法同毛细管与 $\phi 8$ mm 紫铜管焊接方法和要求基本一样，这里不再赘述。

3. 毛细管的对接焊实训

（1）实训设备、工具和材料

钳台、台虎钳、制冷维修专用小型气焊设备、毛细管剪刀、大割刀、钢丝钳、钢直尺、$\phi 2$ mm 毛细管、$\phi 6$ mm 紫铜管、低银焊条、点火器。

（2）实训步骤

1）用毛细管剪刀截取 $\phi 2$ mm 毛细管 100 mm 长两段，剪切口要求为斜口状。

2）用大割刀割取 $\phi 6$ mm 紫铜管 20～30 mm，进行简单的内、外倒角处理。

3）按图 3—49 所示要求将两段毛细管插入 $\phi 6$ mm 紫铜管，插入深度大致相等。然后将 $\phi 6$ mm 紫铜管用钢丝钳夹扁，两段毛细管偏在同一侧。

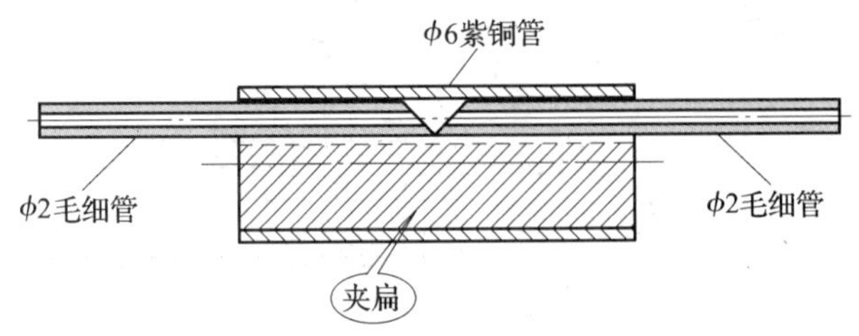

图 3—49　毛细管插入 $\phi 6$ mm 紫铜管

4）将夹扁后的 $\phi 6$ mm 紫铜管夹在台虎钳上待焊，接下来的点火、火力和火焰调节以及焊接方法同前，这里不再赘述。

4. 毛细管焊接考核标准（见表 3—7）

表 3—7　　考核标准

班级		姓名		学号		成绩	
课题名称	毛细管焊接实训			实训时间			
项目	评分标准						配分
管子加工质量	好		一般		差		10
	8～10		6～7		0～5		
焊炬使用	正确		基本正确		不正确		10
	8～10		6～7		0～5		
钎焊方法和步骤	正确		基本正确		不正确		30
	25～30		18～24		0～17		
焊接质量	好		一般		差		30
	25～30		18～24		0～17		
完成课题	按时、独立		基本按时、独立		不按时、不独立		5
	5		3～4		0～2		
设备、工具保养	好		一般		差		5
	5		3～4		0～2		
安全文明操作	好		一般		差		5
	5		3～4		0～2		
实训报告	认真		较认真		不认真		5
	5		3～4		0～2		

课题五　三通直角焊接

学习目的

1. 初步掌握中小直径紫铜管之间的三通直角焊接技术。

2. 初步掌握毛细管之间的三通直角对接焊技术。

在制冷系统部件生产和制冷设备维修过程中，三通直角焊接也是一种较为常见的操作，这里介绍三种不同情况下的三通直角焊接。

一、ϕ6 mm 和 ϕ12 mm 紫铜管之间的三通直角焊接实训

1. 实训设备、工具和材料

钳台，台虎钳，制冷维修专用小型气焊设备，大割刀，倒角器，整形锉刀，钢丝钳，钢直尺，ϕ6 mm、ϕ12 mm 紫铜管，低银焊条，点火器。

2. 实训步骤

（1）用大割刀割取 ϕ6 mm、ϕ12 mm 两种规格的紫铜管各 100 mm，进行简单的内、外倒角处理。

（2）在 ϕ12 mm 紫铜管的中段用整形锉刀锉出一直径略小于 6 mm 的圆孔，如图 3—50

所示。

（3）如图 3—51 所示，将 ϕ6 mm 紫铜管一端加工成马鞍形。

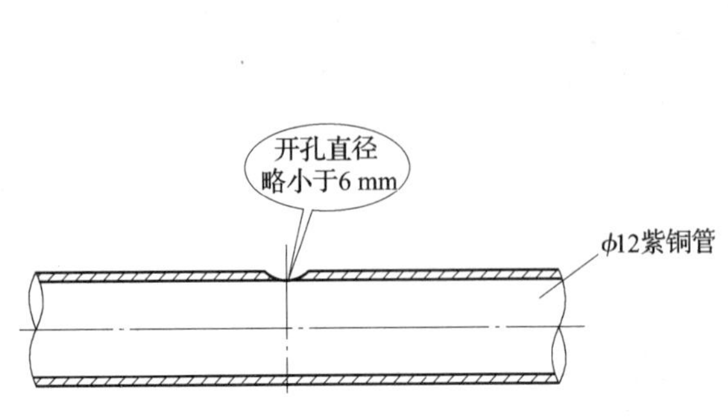

图 3—50　ϕ12 mm 紫铜管开圆孔

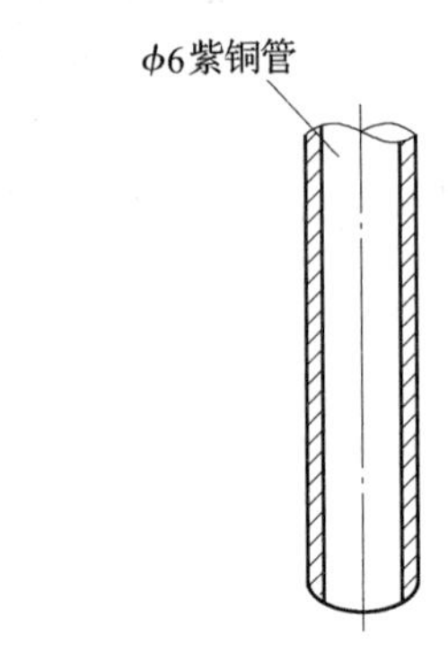

图 3—51　ϕ6 mm 紫铜管一端加工成马鞍形

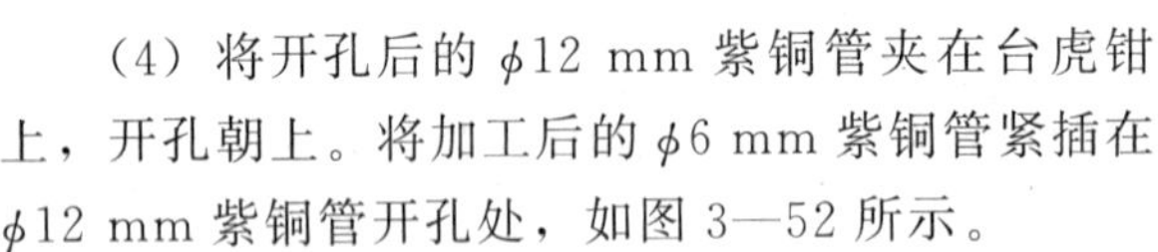

（4）将开孔后的 ϕ12 mm 紫铜管夹在台虎钳上，开孔朝上。将加工后的 ϕ6 mm 紫铜管紧插在 ϕ12 mm 紫铜管开孔处，如图 3—52 所示。

（5）点燃焊炬，调至中等火力、中性焰。

（6）火焰从与竖直方向约成 45°角处对母材进行加热，加热时要求外焰顶点抵及两管接缝处，并不断围绕 ϕ6 mm 紫铜管来回移动。

（7）当被加热处紫铜管表面略呈暗红色时，将低银焊条紧靠上部接缝处，利用高温状态下的母材加热熔化，进行银钎焊，如图 3—52 所示。

（8）当全部接缝都均匀地渗入焊料后，撤去焊条，熄火。

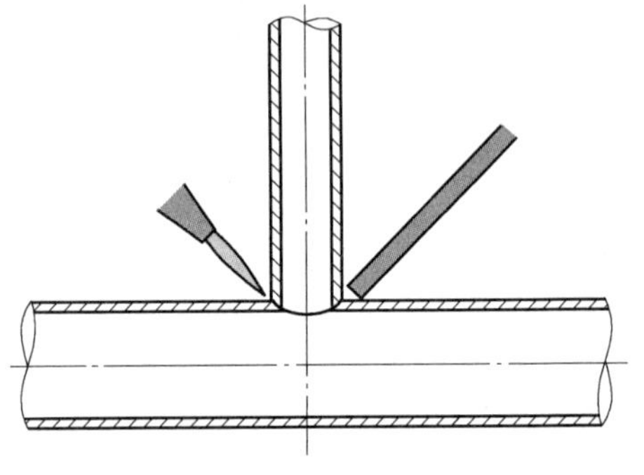

图 3—52　将 ϕ6 mm 紫铜管紧插在开孔的 ϕ12 mm 紫铜管上进行银钎焊

二、ϕ8 mm 紫铜管之间的三通直角焊接实训

1. 实训设备、工具和材料

钳台、台虎钳、制冷维修专用小型气焊设备、大割刀、倒角器、整形锉刀、钢丝钳、钢直尺、ϕ8 mm 紫铜管、低银焊条、点火器。

2. 实训步骤

（1）用大割刀割取 ϕ8 mm 紫铜管 100 mm 长两根，进行简单的内、外倒角处理。

（2）在其中一根 ϕ8 mm 紫铜管的中段用整形锉刀锉出一略小于 8 mm 的圆孔。

（3）将另一根 ϕ8 mm 紫铜管一端加工成马鞍形。

（4）将一开孔后的 ϕ8 mm 紫铜管夹在台虎钳上，开孔朝上。将另一加工成马鞍形的 ϕ8 mm 紫铜管紧插上，如图 3—53 所示。

点火、火力和火焰调节以及焊接方法同前。

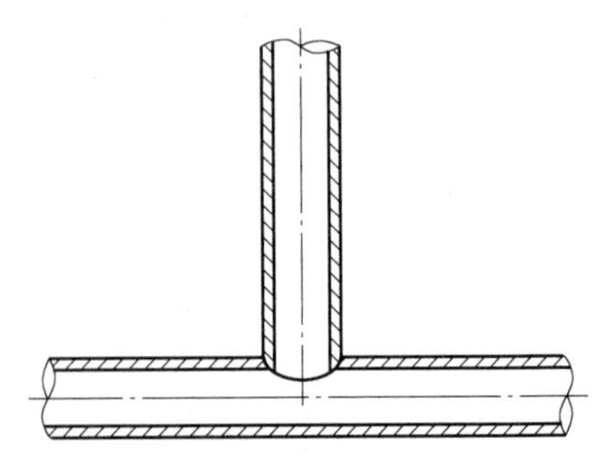

图 3—53　将加工成马鞍形的紫铜管紧插在开孔的紫铜管上进行银钎焊

三、毛细管之间的三通直角对接焊实训

1. 实训设备、工具和材料

钳台、台虎钳、制冷维修专用小型气焊设备、大割刀、倒角器、毛细管剪刀、整形锉刀、钢丝钳、钢直尺、ϕ2 mm 毛细管、ϕ8 mm 紫铜管、低银焊条、点火器。

2. 实训步骤

（1）用毛细管剪刀截取 ϕ2 mm 毛细管 100 mm 长一段。

（2）用大割刀割取 ϕ8 mm 紫铜管 100 mm 长，进行简单的内、外倒角处理。

（3）在 ϕ8 mm 紫铜管的中段用整形锉刀锉出一个 2 mm 的圆孔。

（4）将开孔后的 ϕ8 mm 紫铜管夹在台虎钳上，开孔朝上。将 ϕ2 mm 毛细管紧插上待焊，焊接方法参照“毛细管与 ϕ8 mm 紫铜管的焊接实训”。

四、三通直角焊接考核标准（见表 3—8）

表 3—8　　考核标准

班级		姓名		学号		成绩	
课题名称	三通直角焊接操作实训			实训时间			
项目	评分标准					配分	
管子加工质量	好	一般		差		10	
	8～10	6～7		0～5			
焊炬使用	正确	基本正确		不正确		10	
	8～10	6～7		0～5			
钎焊方法和步骤	正确	基本正确		不正确		30	
	25～30	18～24		0～17			
焊接质量	好	一般		差		30	
	25～30	18～24		0～17			
完成课题	按时、独立	基本按时、独立		不按时、不独立		5	
	5	3～4		0～2			
设备、工具保养	好	一般		差		5	
	5	3～4		0～2			
安全文明操作	好	一般		差		5	
	5	3～4		0～2			
实训报告	认真	较认真		不认真		5	
	5	3～4		0～2			

课题六　制冷维修工常用劳保用品

学习目的

1. 熟悉制冷维修工常用防护手套的种类和作用。
2. 熟悉制冷维修工常用防护面罩、安全帽、耳塞的作用。
3. 熟悉制冷维修工常用防护眼镜和劳保鞋的作用。

制冷维修工在工作中涉及高空作业、焊接、机械加工、电气维修以及制冷设备安装、调试、维修等多种作业，在各种作业中，为了保障制冷维修工的人身安全，常常用到一些劳保用品，按照防护部位不同有防护手套、防护面罩、安全帽、耳塞、防护眼镜和劳保鞋等。

一、防护手套

制冷维修工在进行不同作业时所使用的手套不同，按照防护目的不同一般有下列防护手套。

1. 防割手套

防割手套（见图 3—54）由高性能纤维制成，手心部分有丁腈涂层，可防止机械所可能带来的化学、微生物、电子或热能的危险。

2. 防寒手套

防寒手套（见图 3—55）具有保暖内衬，掌面有丁腈涂层，腕部由合成纤维针织而成，除可防止机械所可能带来的化学、微生物和电子的危险外，其最主要的功能是防寒，一般能防低温至－30℃。

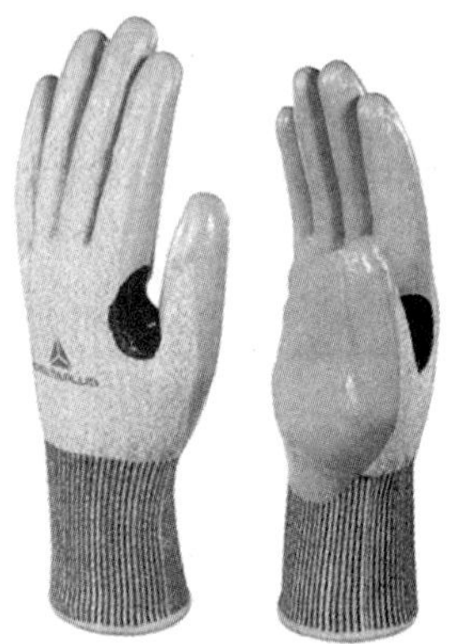

图 3—54　防割手套

图 3—55　防寒手套

3. 斜指焊接手套

斜指焊接手套（见图 3—56）一般由优质耐磨隔热牛皮制成，抗割、防火，棉质内里有吸汗功能，斜拇指设计可使拇指活动自然，方便握持焊件和焊接。

4. 绝缘手套

绝缘手套（见图 3—57）采用天然乳胶制成，可较好地抵抗机械风险，适合在高压维修等带电作业场合使用。

图 3—56　斜指焊接手套

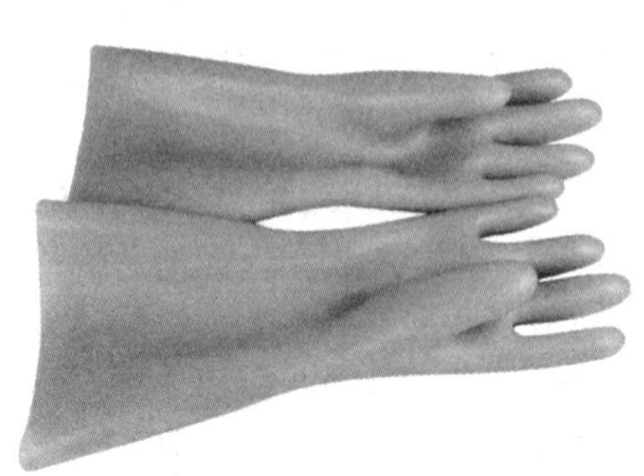

图 3—57　绝缘手套

二、防护面罩、安全帽和耳塞

1. 防护面罩

防护面罩（见图3—58）是用来保护面部和颈部免受飞来的金属碎屑、有害气体、液体喷溅、金属和高温溶剂飞沫伤害的用具。

2. 安全帽

安全帽（见图3—59）是利用缓冲、减震和分散受力等原理减轻头部受坠落物或者其他因素引起的伤害的用具。

3. 耳塞

制冷维修工操作使用耳塞（见图3—60）有两个主要目的：防噪声和防止有害物质溅入耳孔。

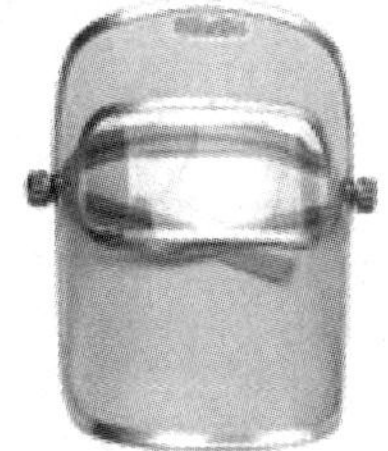

图3—58　防护面罩

图3—59　安全帽

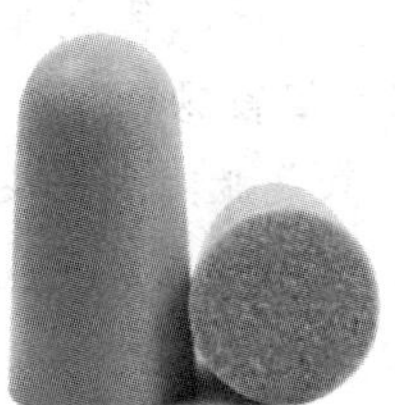

图3—60　耳塞

三、防护眼镜

防护眼镜（见图3—61）具有防沙尘、防喷溅、防冲击、防紫外线等多重防护作用，相比于防护面罩有轻便的优势。防护眼镜可用于有沙尘、粉末和飞沫的制冷操作场合。在焊接作业时可使用防光护目镜。

四、劳保鞋

劳保鞋（见图3—62）具有防滑、防砸、防刺穿、防静电、耐油、耐酸碱、吸震等功能。

图3—61　防护眼镜

图3—62　劳保鞋

思考与练习

一、填空题

1. 气焊设备包括______、________（或______________）、________、焊炬（俗称

______）和______等。

2. 氧气瓶是储存和运输______的一种______压容器，它由______、______、______、______和______等部分组成。标准氧气瓶的容积是______ L，满瓶压力______ MPa。一般地，可储存常压下______ m^3的氧气。瓶体表面涂着______色，并写上“______”二字。套在瓶体上的两个橡胶圈，起__________作用。

3. 焊炬的作用是对可燃气体与助燃气体（氧气）进行________，并控制混合气的______和______，以获得不同______和不同性质的火焰。

4. 一般氧气胶管的内径为______ mm，允许工作压力为______ MPa；乙炔胶管内径为______ mm，允许工作压力为______ MPa。按照GB/T 2550—2016规定，氧气胶管为______色，乙炔胶管为______色。

5. 钎焊一般采用________和________，以弥补钎焊强度的不足。

6. 紫铜管之间的焊接宜选用______钎焊。而铜管与钢管或钢管与钢管之间的焊接宜选用______钎焊，且必须配用____________________。

二、简答题

1. 氧气瓶阀和乙炔瓶阀的作用是什么？
2. 为什么在氧气瓶与焊炬之间、乙炔瓶与焊炬之间要增设减压器？
3. 简述氧气瓶的使用规章。
4. 简述乙炔瓶的使用规章。
5. 为什么在使用乙炔时需要用夹环？
6. 氧气减压器和乙炔减压器有何异同？它们能不能互换使用？
7. 简述气焊焊炬的点燃方法。
8. 气焊焊炬点火时，有时会发出连续的放炮声，这是什么原因？
9. 气焊的火焰分为哪几种？为什么会形成这几种火焰？
10. 如何正确熄灭焊炬的火焰？
11. 什么是回火现象？气焊设备中是如何防止回火的？
12. 如何将标准氧气瓶中的氧气转移灌装到制冷维修专用小型气焊设备的氧气瓶中？
13. 如何将液化石油气瓶中的燃气转移灌装到制冷维修专用小型气焊设备的燃气瓶中？
14. 转移灌装氧气和燃气时应注意哪些问题？
15. 什么是钎焊？钎焊有哪两种？
16. 一般地，铜钎焊时母材的加热方法和送丝方法与低银钎焊有何不同？
17. 毛细管为何要采用银钎焊？它与一般管径紫铜管的银钎焊方法有何区别？

第四单元　制冷维修中常用仪器、仪表的使用

制冷设备可简单地分为制冷系统和电气控制系统两部分，在制冷设备生产和维修过程中经常要用到这两部分的检测仪器和仪表。这些仪器和仪表主要有万用表、钳形表、兆欧表、压力表、检漏仪和温度计等。本单元将在简要介绍这些仪器和仪表的外形、结构及操作使用方法后，引导同学们对这些仪器和仪表进行操作使用训练，为日后对制冷设备的检测和维修打下坚实的基础。

课题一　万用表及其一般使用

学习目的

1. 了解万用表的功能和结构。
2. 会使用万用表进行交流电压、直流电压和直流电阻的测量。

一、万用表的功能和特点

万用表又称三用表，是一种多量程、多用途的便携式电子电工仪表。一般的万用表可以测量交流电压、直流电压、直流电流、直流电阻和音频电平等电量，有些万用表还可以测量交流电流、晶体管共射极直流电流放大系数、频率、周期、电容、电感和温度等。由于万用表具有用途广泛、使用方便、检测精度高、成本低廉等多项优点，因此在电子电工检测中得到了广泛的应用。

二、万用表的分类、结构和使用

1. 指针式万用表

目前，人们通常使用的万用表有指针式和数字式两类。指针式万用表有时也称模拟式万用表，这类万用表的型号较多，但基本结构大同小异。其中，应用最为广泛的是 MF47 型万用表，其外形如图 4—1 所示。MF47 型万用表具有 26 个基本量程以及电平、电容、电感、晶体管直流参数等 7 个附加参考量程，它具有量限多、分挡细、灵敏度高、轻巧便携、性能稳定、过载保护可靠、读数清晰、使用方便等优点。

下面以 MF47 型万用表为例介绍指针式万用表面板上主要部件的作用。

（1）MF47 型万用表的面板结构及功能

MF47 型万用表的面板结构如图 4—1 所示，主要由表头、指针、转换开关（也称拨盘）、量程列表、机械调零旋钮、欧姆调零旋钮、表笔插孔和晶体管测试插孔等组成。

1）表头。表头是万用表的测量显示装置，MF47 型万用表表头的准确度等级为 1 级（即表头自身的灵敏度误差为±1%），水平放置，整流式仪表，绝缘强度试验电压为 5 000 V。

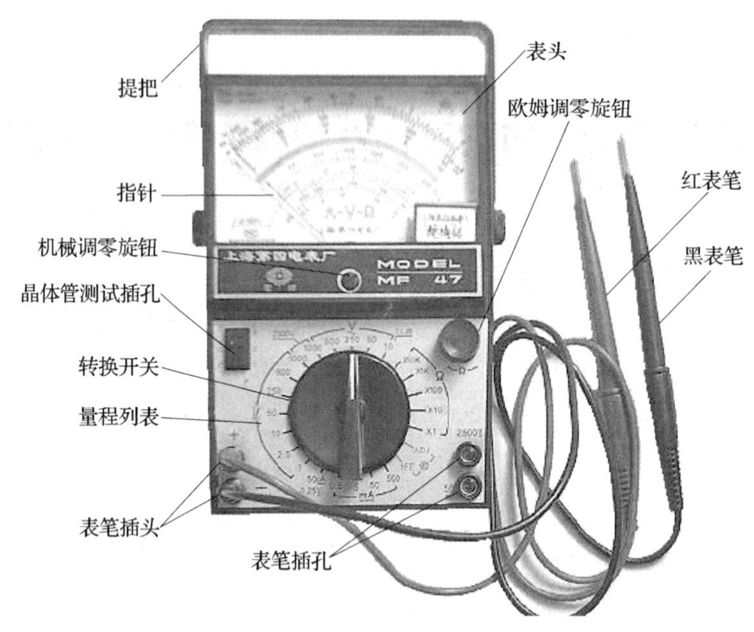

图 4—1 MF47 型万用表

表头中间下方的小旋钮为机械调零旋钮，如图 4—2 所示。当不进行测量时，若指针没有与左边的“0”刻度线重合，则可顺时针或逆时针旋转机械调零旋钮进行调节。

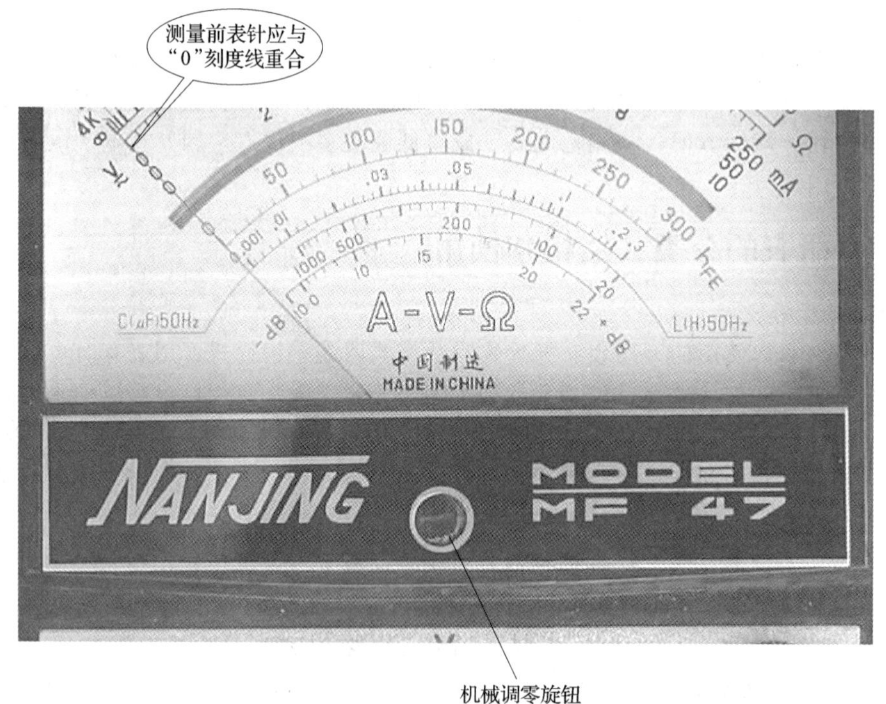

图 4—2 MF47 型万用表的机械调零旋钮

表头上有表盘（也称刻度盘）。MF47 型万用表的表盘如图 4—3 所示，它共有六条专用刻度线，刻度线由里向外分为红、绿、黑三种颜色。最外层的两条黑色刻度线分别是直流电阻和直流电压、直流电流刻度线；中间一条绿色刻度线是晶体管共射极电流放大系数刻度线；里面三条红色刻度线依次是电容、电感和音频电平刻度线。六条刻度线用三种颜色分开，便于读数。另外，表盘配有反光铝膜，可消除视差和提高读数精度。

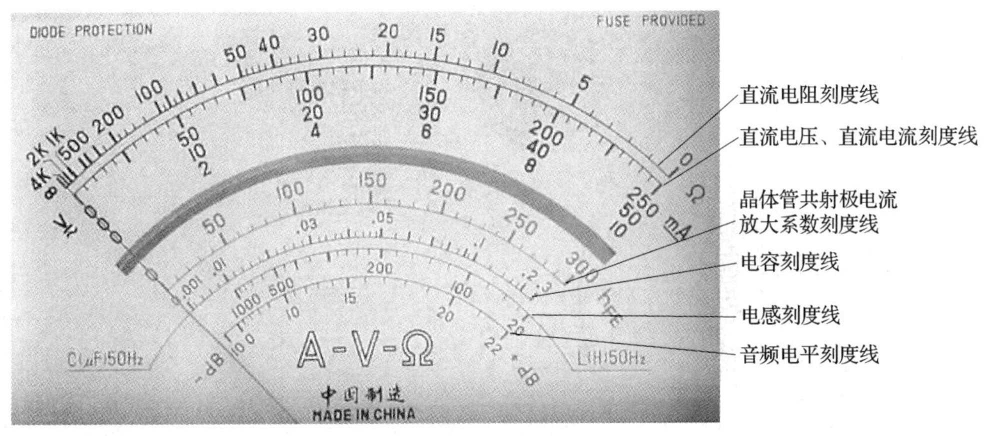

图 4—3　MF47 型万用表表盘

由于万用表的测量项目较多，为了便于指针读数，表盘上各刻度线附有相应符号和字母加以说明。在测量中，掌握各条刻度线的读法及正确理解表盘上各种符号和字母的意义，是正确使用万用表的关键之一。

2）转换开关和量程列表。转换开关用来转换不同性质的电参量和量程，MF47 型万用表转换开关和各量程列表如图 4—4 所示。

图 4—4　MF47 型万用表转换开关和各量程列表

当转换开关拨至直流电阻挡时，可测量电气元件或电路的直流电阻值。

当转换开关拨至直流电压挡时，可分别测量不大于 0.25 V、1 V、2.5 V、10 V、50 V、250 V、500 V 和 1 000 V 的直流电压。

当转换开关拨至直流电流挡时，可分别测量不大于 50 μA、500 μA、5 mA、50 mA 和 500 mA 的直流电流。

当转换开关拨至交流电压挡时，可分别测量不大于 10 V、50 V、250 V、500 V 和 1 000 V 的交流电压。

3）欧姆调零旋钮。在进行直流电阻值的测量时，除应把转换开关拨至直流电阻挡外，还应将两表笔触点对接，若这时指针未与最右边的“0”欧姆刻度线重合，则应顺时针或逆时针旋动欧姆调零旋钮进行调节，如图 4—5 所示。

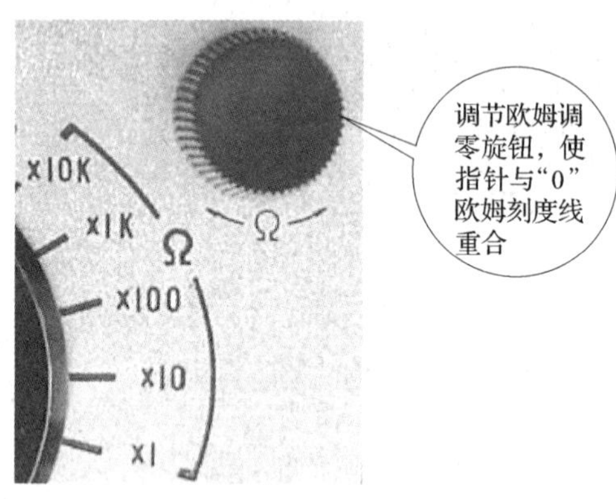

图 4—5 “0”欧姆调节

4）表笔插孔。MF47 型万用表面板上有四个表笔插孔，如图 4—6 所示。用 MF47 型万用表测量时黑表笔插头插入左下方标注“COM”的孔里；在测量超过 1 000 V 以上的电压时，红表笔插头插入右上方标注“2500 $\frac{V}{\sim}$”的孔里；在测量超过 5 A 以上的直流电流时，红表笔插头插入右下方标注“$\underline{A}$”的孔里；在进行其他测量时，红表笔插头插入左上方标注“+”的孔里。

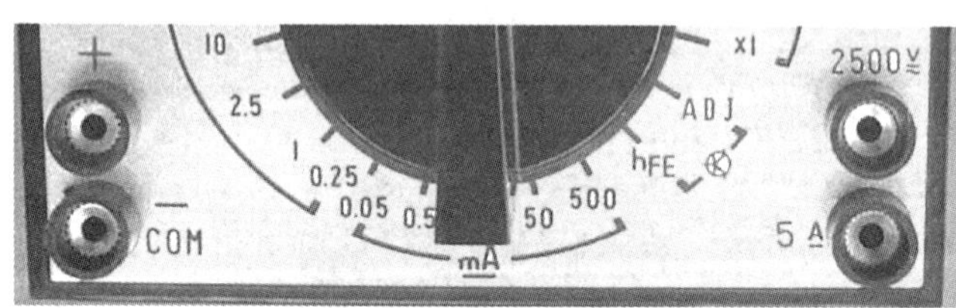

图 4—6 MF47 型万用表的四个表笔插孔

5）晶体管测试插孔。在 MF47 型万用表表盘的左下方有两排共六个晶体管测试插孔，如图 4—7 所示。当测试 NPN 型晶体管的共射极电流放大系数时，应将晶体管插入左边相应的三个孔里；当测试 PNP 型晶体管的共射极电流放大系数时，应将晶体管插入右边相应的三个孔里。

图 4—7 晶体管测试插孔

（2）指针式万用表的简要维护和使用须知

1）长期不使用时，应将表内 1.5 V 干电池和 9 V（或 15 V）层叠电池取出，以免电池失效后电解液流出腐蚀表内电路板或其他元器件。

2）除非使用，否则不要将转换开关拨至直流电阻挡，以减少表内电池的消耗。

3）暂不使用万用表时，应将转换开关拨至“OFF”空挡位。如果所用的万用表无空挡位，则应拨至“500 V”以上的交流电压挡。

4）当不清楚待测电量的大小时，应先将量程置于最大位置进行初测，然后根据初测结果选用合适的量程。

5）测量时一定要检查转换开关是否拨至相应的测量挡位上，以免损坏仪表。

（3）万用表交流电压测量操作应用实例

1）220 V 交流电压的测量

①将万用表平放于桌面上，黑表笔插头插入“COM”孔里，红表笔插头插入“＋”孔里。

②将万用表转换开关拨至“250 V”交流电压挡。

③如图 4—8 所示，用右手如拿筷方法将两测量表笔的金属探针分别插入电源接线板的火线插孔和零线插孔里，适时读出表针显示的实测电压读数，并做好记录。这种握笔方法可称为“单手双握”法。

注意事项：

①测量前应注意观察表针是否与“0”刻度线重合，否则应予调零。

②为方便观察，测量时常用提把将万用表支起斜放在桌面上，如图 4—9 所示。

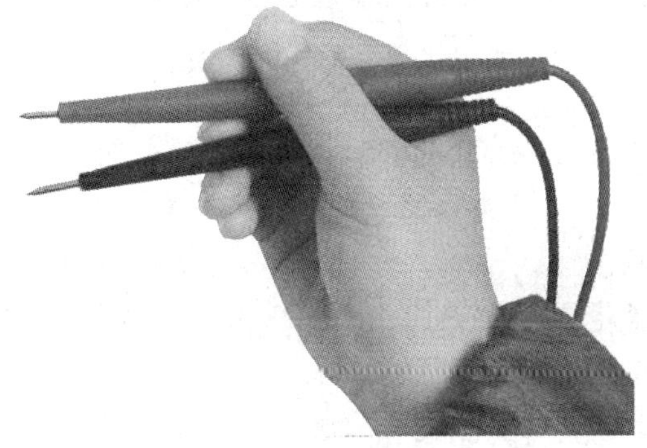

图 4—8　“单手双握”法

图 4—9　MF47 型万用表斜放在桌面上进行测量

③常因测量现场的条件限制，万用表只能拿在左手，黑表笔先插接在电路某处，右手握住红表笔进行测量，如图 4—10 所示。这种握笔方法可称为“单手单握”法。

④测量时不得让人体任何部位接触表笔金属探针，以免发生触电事故。

⑤读数时量程不要搞错，视线要垂直于表盘，读数要尽可能做到准确无误。

⑥测量时量程的选择要合理，不要太大，否则测量精度会随之下降。

2）380 V 交流电压的测量

①将黑表笔插头插入“COM”孔里，红表笔插头插入“＋”孔里。

②将万用表转换开关拨至“500 V”交流电压挡。

③左手拿黑表笔，将黑表笔上的金属探针先插入配电箱 380 V 电源插座的一个相线插孔里，右手拿红表笔搭触 380 V 电源插座的另一个相线插孔里的金属插片，适时读出表针显示的实测电压读数，并做好记录。这种握笔方法可称为“双手各握”法，如图 4—11 所示。

图 4—10 “单手单握”法

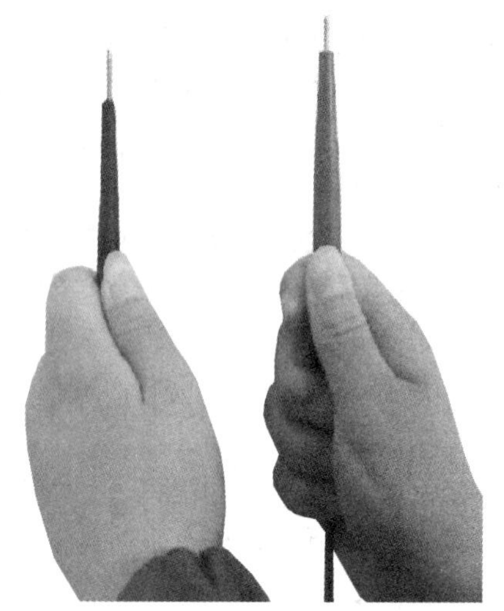

图 4—11 “双手各握”法

注意事项：

①单手拿红表笔进行测量时，黑表笔可换用金属鳄鱼夹或用双鳄鱼夹转接线。

②测量中要特别注意安全，在学生进行测量训练时，教师要在近旁全程监视。

3）12 V 降压变压器次级电压的测量

①接通 12 V 降压变压器的电源。

②将万用表平放于桌面上，黑表笔插头插入“COM”孔里，红表笔插头插入“+”孔里。

③将万用表转换开关拨至“50 V”交流电压挡。

④双手各拿一支表笔，并将两表笔的金属探针分别搭接 12 V 降压变压器二次绕组的两个端点，适时读出表针显示的实测电压读数，并做好记录。

4）说明

在日常操作中，万用表的表笔用何种方法持拿没有规定，可根据实际情况选择确定。

（4）万用表直流电压测量操作应用实例

1）干电池电压的测量

①将万用表平放于桌面上，黑表笔插头插入“COM”孔里，红表笔插头插入“+”孔里。

②将万用表转换开关拨至“2.5 V”直流电压挡。

③双手各拿一支表笔，并将黑、红表笔的金属探针分别搭接电池的负极和正极，适时读出表针显示的实测电压读数，并做好记录。

2）空调器控制电路 CPU（中央处理器）5 V 直流电压的测量

①将万用表平放于桌面上，黑表笔插头插入“COM”孔里，红表笔插头插入“+”孔里。

②将万用表转换开关拨至“10 V”直流电压挡。

③左手拿万用表，右手握住两支表笔，并将红、黑表笔的金属探针分别搭接 5 V 直流电

压的正极和公共端，适时读出表针指示的实测电压数值，并做好记录。

3）空调器控制电路继电器 12 V 直流电压的测量

①将万用表平放于桌面上，黑表笔插头插入“COM”孔里，红表笔插头插入“+”孔里。

②将万用表转换开关拨至“50 V”直流电压挡。

③左手拿万用表，右手握住两支表笔，并将红、黑表笔的金属探针分别搭接 12 V 直流电压的正极和公共端，适时读出表针显示的实测电压读数，并做好记录。

（5）万用表直流电阻测量操作应用实例

1）普通电阻器直流电阻的测量

①准备如下规格的电阻各一只：0.51 Ω、330 Ω、1.5 kΩ、8.2 kΩ 和 4.7 MΩ。

②将万用表平放于桌面上，黑表笔插头插入“COM”孔里，红表笔插头插入“+”孔里。

③将万用表转换开关分别拨至“R×1 Ω”挡、“R×10 Ω”挡、“R×100 Ω”挡、“R×1 kΩ”挡和“R×1 MΩ”挡，用图 4—12 所示方法对标称阻值分别为 0.51 Ω、330 Ω、1.5 kΩ、8.2 kΩ 和 4.7 MΩ 的电阻器进行直流电阻的测量，适时读出表针指示的实测电阻数值，并做好记录。

说明：

①进行直流电阻测量时，电阻挡每改变一次都必须进行“0”欧姆调节，下同。

②上述电阻器测量时，万用表应平卧或斜躺于桌面上；两表笔可采用“单手双握”法，也可采用“双手各握”法。

2）家用电冰箱 PTC 启动器直流电阻的测量

①将万用表平放于桌面上，黑表笔插头插入“COM”孔里，红表笔插头插入“+”孔里。

②将万用表转换开关拨至“R×1 Ω”挡，调零后用图 4—13 所示方法对家用电冰箱 PTC 启动器进行直流电阻的测量，适时读出表针指示的实测电阻数值，并做好记录。

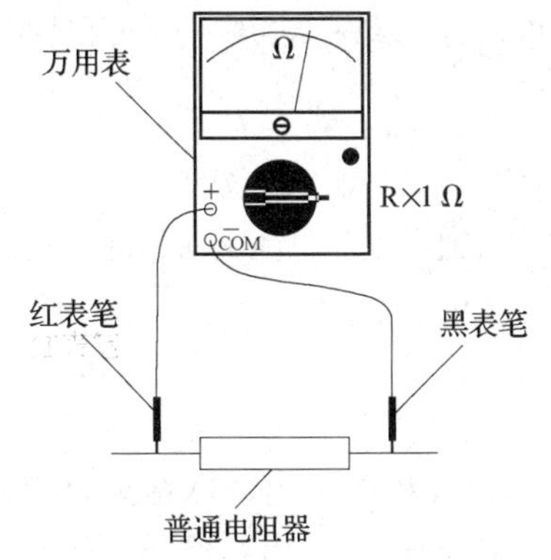

图 4—12　普通电阻器直流电阻的测量

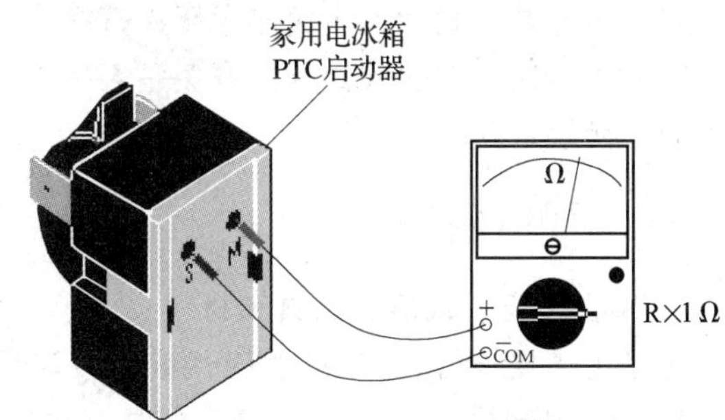

图 4—13　家用电冰箱 PTC 启动器直流电阻的测量

3）家用电冰箱压缩机绕组直流电阻的测量

①将万用表平放于桌面上，黑表笔插头插入“COM”孔里，红表笔插头插入“+”孔里。

②将万用表转换开关拨至“R×1 Ω”挡，调零后用图 4—14 所示方法对家用电冰箱压缩机绕组直流电阻进行测量，适时读出表针指示的实测电阻数值，并做好记录。

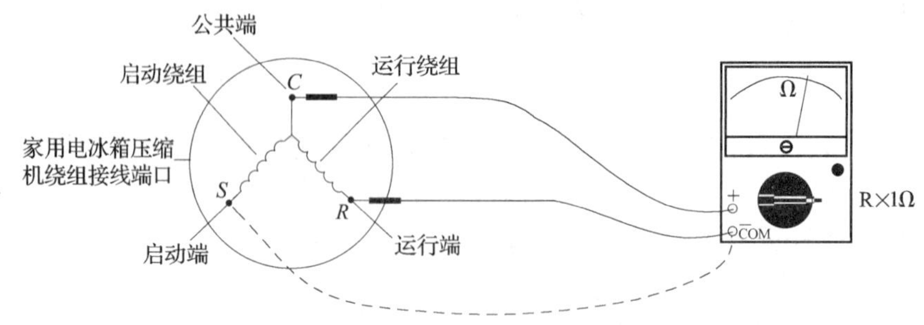

图 4—14　家用电冰箱压缩机绕组直流电阻的测量

2. **数字式万用表**

数字式万用表与传统的指针式万用表在电量显示原理上完全不同，它先对各电量进行模/数转换，再用译码器转译成八段字码，最后用液晶数码显示器直接以阿拉伯数字的方式显示所测电量的数值。数字式万用表有多种不同的外形和功能，图 4—15 所示为一种小巧耐用的手持式三位半数字万用表，它可用于测量直流电压、直流电流、交流电压、交流电流、电阻值以及二极管、三极管参数等。

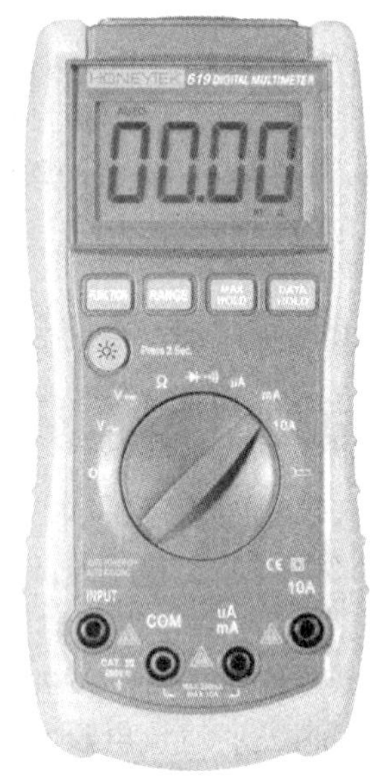

图 4—15　手持式三位半数字万用表

数字式万用表的用法与指针式万用表基本一样，这里不再赘述。但由于表内使用了大规模集成电路和液晶数码显示器等，其耐震性能相对较差，使用时的环境温度等有所限制。所以，使用数字式万用表时应重点注意以下事项：

(1) 轻拿轻放，避免剧烈震动或撞击。

(2) 不要在温度高于 40℃和低于 0℃下使用。

(3) 液晶数码显示器表面避免阳光直接照射。

(4) 测量时一定要检查转换开关是否拨至相应的测量挡位上，以免损坏仪表。

(5) 测量完毕，应立即关闭电源。若长期不用，应取出表内电池，以免电池漏液损坏仪表。

三、万用表使用实训

1. **实训设备、仪表、工具和材料**

电子电工操作台、MF47 型万用表、数字式万用表、电源接线板、家用电冰箱全封闭式压缩机、家用电冰箱 PTC 启动器、旋具（包括一字旋具和十字旋具）、普通挂壁式房间空调器电路控制板（含 12 V 降压变压器）、三相电源配电箱。

2. **实训内容**

先后用 MF47 型万用表和数字式万用表对以下电量进行测试和读数。

(1) 交流电压测量：220 V、380 V、12 V。

（2）直流电压测量：干电池、5 V、12 V。

（3）直流电阻测量：普通电阻、PTC 启动器、全封闭式压缩机绕组。

3. 实训步骤

实训步骤参照万用表测量操作应用实例。

4. 考核标准（见表 4—1）

表 4—1　　考核标准

班级		姓名		学号		成绩	
课题名称	万用表使用实训			实训时间			
项目	评分标准						配分
交流电压测量	方法正确，用时较短		方法正确，用时较长		方法不正确		15
	12～15		8～11		0～7		
直流电压测量	方法正确，用时较短		方法正确，用时较长		方法不正确		15
	12～15		8～11		0～7		
直流电阻测量	方法正确，用时较短		方法正确，用时较长		方法不正确		15
	12～15		8～11		0～7		
读数	准确		基本准确		不准确		15
	12～15		8～11		0～7		
完成课题	按时、独立		基本按时、独立		不按时、不独立		10
	8～10		6～7		0～5		
仪表养护	好		一般		差		10
	8～10		6～7		0～5		
安全文明操作	好		一般		差		10
	8～10		6～7		0～5		
实训报告	认真		较认真		不认真		10
	8～10		6～7		0～5		

课题二　钳形表和兆欧表的使用

学习目的

1. 了解钳形表和兆欧表的功能及作用。
2. 会正确使用钳形表测量交流电流。
3. 会正确使用兆欧表进行各类设备绝缘电阻的测量。

一、钳形表

1. 钳形表的作用

钳形表的全称是钳形电流表，是专门测量交流电流的电工仪表，图 4—16 所示分别为指针式钳形表、数字式钳形表和高压钳形表。钳形表测量交流电流不需接入电路，只需将被测导线置于钳形表的钳孔中就能测得导线中的电流，如图 4—17 所示。

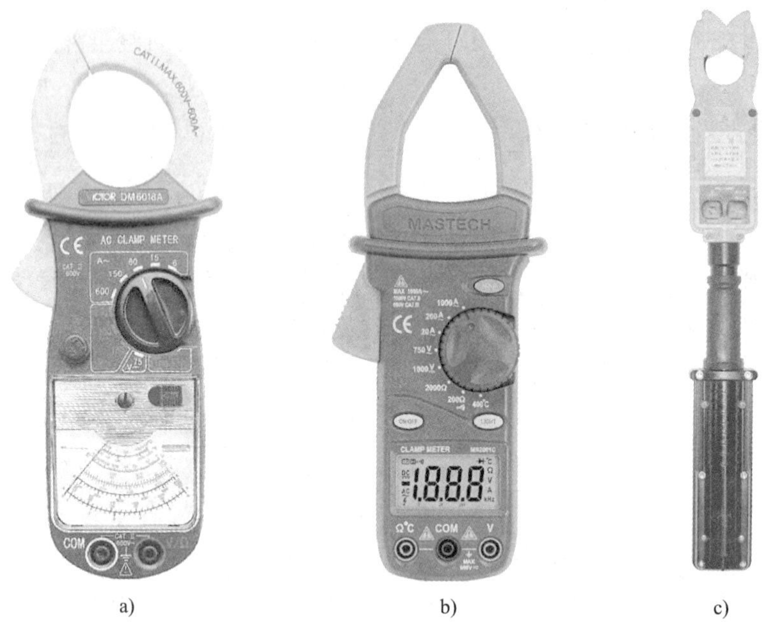

a)　　b)　　c)

图 4—16　钳形表

a）指针式钳形表　b）数字式钳形表　c）高压钳形表

2. 钳形表的使用方法

首先将量程转换开关转到合适位置，手持胶木手柄，用食指钩紧铁心开关，打开铁心，将被测导线从铁心缺口引入铁心中央，然后放开铁心开关处的手指，铁心闭合，此时被测导线中的电流就会在铁心中产生交变磁通，表上感应出电流，可直接读数。

图 4—17　钳形表测量交流电流的方法

3. 钳形表的使用注意事项

（1）钳形表的钳口只能夹入一根有电流的被测导线，否则测不出正确的电流数值。

（2）如对待测电流的强度不清楚，则应从量程较大的挡位上开始测量电流，然后根据电流大小调整到合适的量程。

（3）在测量过程中不能变换挡位。

（4）一般的钳形表最小量程为 5 A，所测电流值较小时，读数误差较大，可以将通电导线在钳形铁心上绕两圈再进行测量，但实际数值应将读数除以 2。

（5）钳形表使用后，应将量程转换开关置于最大量程位置。

二、兆欧表

1. 兆欧表的作用

兆欧表也称摇表、绝缘电阻测定仪等，其典型外形如图 4—18 所示。兆欧表是高阻测量仪表，一般用来测量电动机、电器、仪器和线路的绝缘电阻。

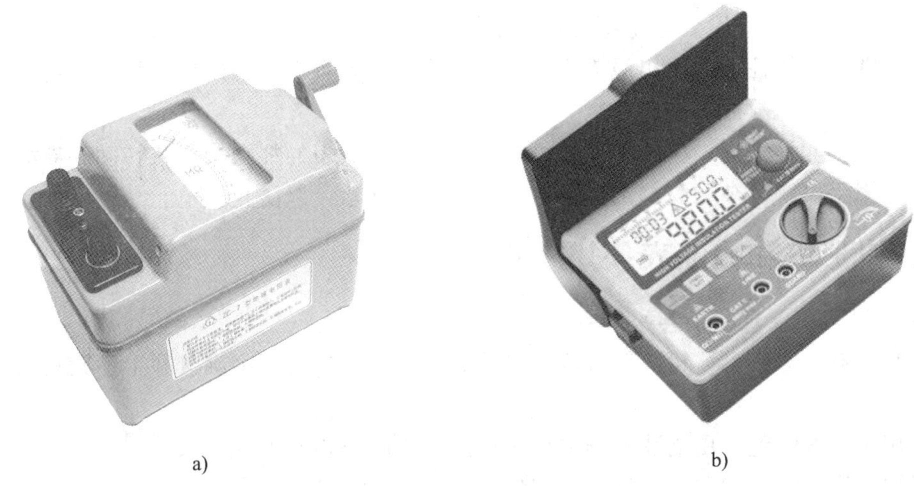

a)　　b)

图 4—18　兆欧表

a）指针式兆欧表　b）数字显示式兆欧表

2. 兆欧表的使用方法

如图 4—18a 所示，指针式兆欧表有三个接线柱，其中两个较大的接线柱上分别标有“接地”（E）和“线路”（L），另一个较小的接线柱上标有“保护环”或“屏蔽”（G）。

（1）测量照明或电力线路对地的绝缘电阻

将兆欧表接线柱的 E 可靠接地，L 接到被测线路上。线路接好后，可按顺时针方向摇动兆欧表的发电机摇把，转速由慢变快，一般约 1 min 后发电机转速趋于稳定（120 r/min），表针也稳定下来，这时表针指示的数值就是所测得的绝缘电阻值。

（2）测量制冷压缩机电动机的绝缘电阻

将兆欧表接线柱的 E 接机壳，L 依次接到电动机绕组各端头上，进行电动机绕组的绝缘电阻测量，方法同上。

（3）测量电缆的绝缘电阻

测量电缆的导电线芯与电缆外壳的绝缘电阻时，除了需要将被测两端分别接到 E 和 L 两接线柱上外，还需要将 G 接线柱引线接到电缆壳芯之间的绝缘层上。其余方法同上。

3. 兆欧表的选用

测量额定电压在 500 V 以下的设备或线路的绝缘电阻时，可选用 500～1 000 V 兆欧表；测量额定电压在 500 V 以上的设备或线路的绝缘电阻时，可选用 1 000～2 500 V 兆欧表；测量绝缘子时，可选用 2 500～5 000 V 兆欧表。

测量低压电气设备的绝缘电阻时，可选用 0～200 MΩ 兆欧表；测量高压电气设备或电缆的绝缘电阻时，可选用 0～2 000 MΩ 兆欧表。

4. 兆欧表的使用注意事项

（1）测量电气设备的绝缘电阻时，必须先切断电源，然后对电气设备进行放电，以保证人身安全和测量准确。

（2）兆欧表测量时应水平放置，未接线前先转动兆欧表进行开路试验，看指针是否指在"∞"处，再将 L 和 E 两个接线柱短接，慢慢地转动兆欧表，看指针是否指在"0"处，若能分别指在"∞"和"0"处，说明兆欧表是好的。

（3）兆欧表接线柱上的引出线应选用多股软线，且要有良好的绝缘，两根引线切忌绞在一起，以免造成测量数据不准确。

（4）兆欧表测量完毕，应立即使被测物放电。在兆欧表的摇把未停止转动和被测物未放电前，不可用手去触及被测物的测量部分或进行导线拆除，以防止触电。

三、钳形表和兆欧表使用实训

1. 实训设备、仪表、工具和材料

房间空调器、家用电冰箱、钳形表、兆欧表、旋具（包括一字旋具和十字旋具）。

2. 实训内容

（1）用钳形表测量家用电冰箱制冷压缩机的工作电流，并做好记录。

（2）用钳形表测量房间空调器的总工作电流，并做好记录。

（3）用兆欧表测量家用电冰箱制冷压缩机的绝缘电阻，并做好记录。

（4）用兆欧表测量房间空调器压缩机的绝缘电阻，并做好记录。

3. 实训步骤

实训步骤参照钳形表和兆欧表的使用方法。

4. 考核标准（见表 4—2）

表 4—2　考核标准

班级		姓名		学号		成绩	
课题名称	钳形表和兆欧表使用实训				实训时间		
项目	评分标准						配分
钳形表测量	方法正确		方法基本正确		方法不正确		20
	16～20		12～15		0～11		
兆欧表测量	方法正确		方法基本正确		方法不正确		20
	16～20		12～15		0～11		
读数	准确		基本准确		不准确		20
	16～20		12～15		0～11		
完成课题	按时、独立		基本按时、独立		不按时、不独立		10
	8～10		6～7		0～5		
仪表养护	好		一般		差		10
	8～10		6～7		0～5		
安全文明操作	好		一般		差		10
	8～10		6～7		0～5		
实训报告	认真		较认真		不认真		10
	8～10		6～7		0～5		

课题三　制冷系统压力测试和制冷剂加注组合工具的使用

学习目的

1. 会使用组合工具测量制冷剂 R134a 和 R22 在常温下的饱和蒸气压力。
2. 会使用组合工具测量家用电冰箱和房间空调器的蒸发压力。

一、制冷系统压力测试和制冷剂加注组合工具

本组合工具用于对制冷系统进行压力测试和给制冷系统加注制冷剂，它一般由真空压力表、三通截止阀和加液管组成。

1. 真空压力表

在制冷维修中，常常需要用真空压力表进行压力和真空度的检测。图 4—19 所示为制冷维修中常见的真空压力表。

真空压力表既可以测量正压（绝对压力高于当地大气压），也可以测量负压（真空度）。表盘上刻度的单位通常有公制单位 MPa 和英制单位 PSI（bf/in^2）两种，有些制冷专用表上还刻有几种常用制冷剂相应压力下的饱和温度。为方便维修，有些还制成双表组合形式，图 4—20 所示为组合压力表。

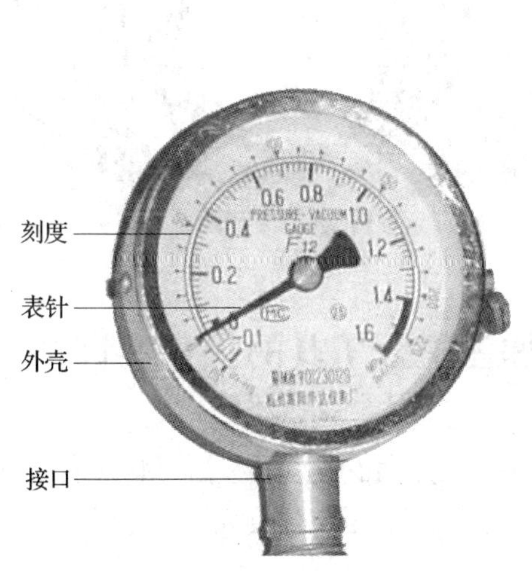

图 4—19　制冷维修中常见的真空压力表

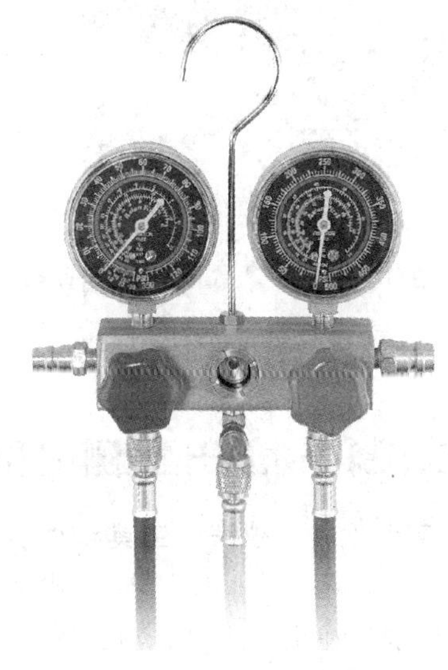

图 4—20　组合压力表

2. 三通截止阀

制冷维修中常用的三通截止阀外形和内部结构分别如图 4—21 和图 4—22 所示。

3. 真空压力表和三通截止阀组件

在实际生活中，人们要把真空压力表和三通截止阀组合在一起才能使用，如图 4—23 所示。

4. 加液管

加液管是一种机械强度较高的耐压软胶管或耐压塑料尼龙管，两端配上穿心螺母，其外形如图 4—24 所示。

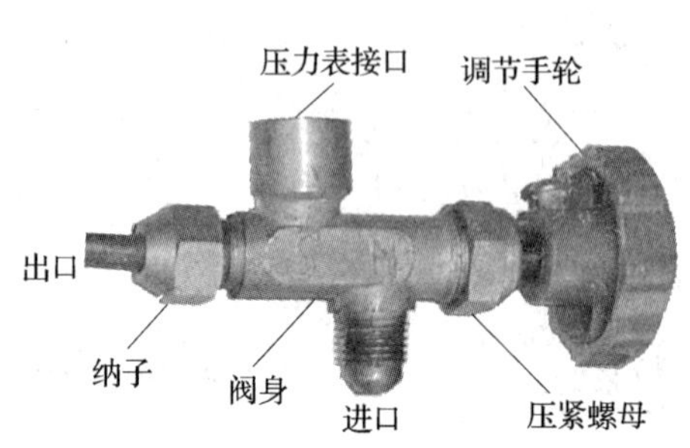

图 4—21　三通截止阀的外形

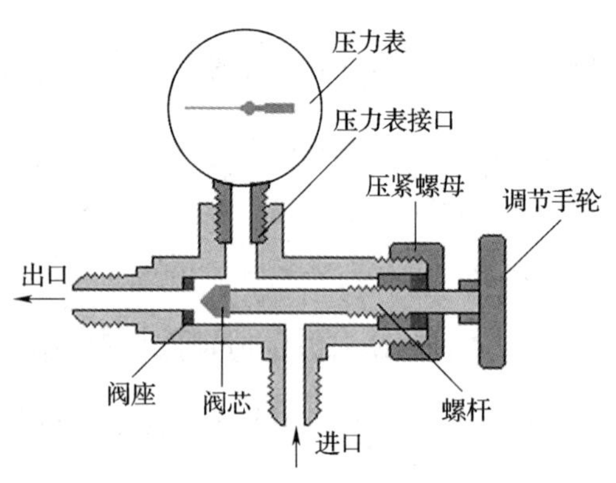

图 4—22　三通截止阀的内部结构

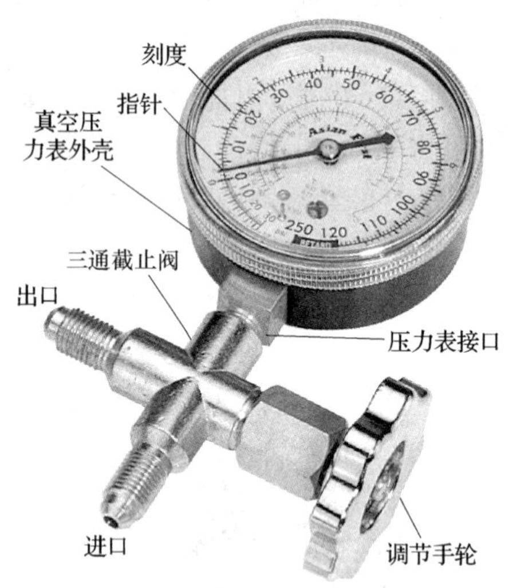

图 4—23　真空压力表和三通截止阀组件

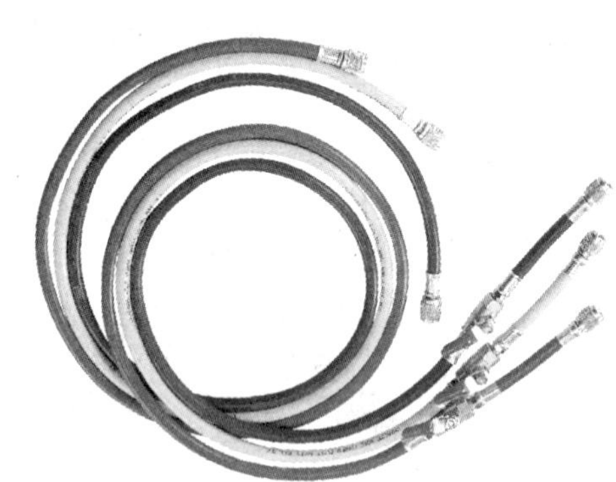

图 4—24　加液管

二、制冷系统压力测试和制冷剂加注组合工具的操作实训

1. 实训设备、仪表、工具和材料

家用电冰箱、房间空调器、制冷剂专用钢瓶装 R134a 和 R22 制冷剂、制冷系统压力测试和制冷剂加注组合工具、活扳手、旋具（包括一字旋具和十字旋具）。

2. 实训内容

（1）使用组合工具测量 R134a 和 R22 在常温下的饱和蒸气压力。

（2）使用组合工具测量家用电冰箱和房间空调器的蒸发压力。

3. 实训步骤

（1）测量 R134a 在常温下的饱和蒸气压力

1）用调节手轮将三通截止阀逆时针稍微旋开一点。

2）将真空压力表、三通截止阀、加液管和制冷剂专用钢瓶按图 4—25 所示连接起来。

3）将制冷剂专用钢瓶调节手轮微微旋开一点，待少量制冷剂将加液管和三通截止阀中的空气排出后再迅速关闭（顺时针旋紧三通截止阀调节手轮）。

4）读出此时真空压力表的数值，并做好记录。

（2）测量 R22 在常温下的饱和蒸气压力

步骤、方法和要求同上。

（3）测量家用电冰箱的蒸发压力

1）在家用电冰箱的回气管上做一个带有针阀（见图 4—26）的三通直角接口（教师事先做好）。

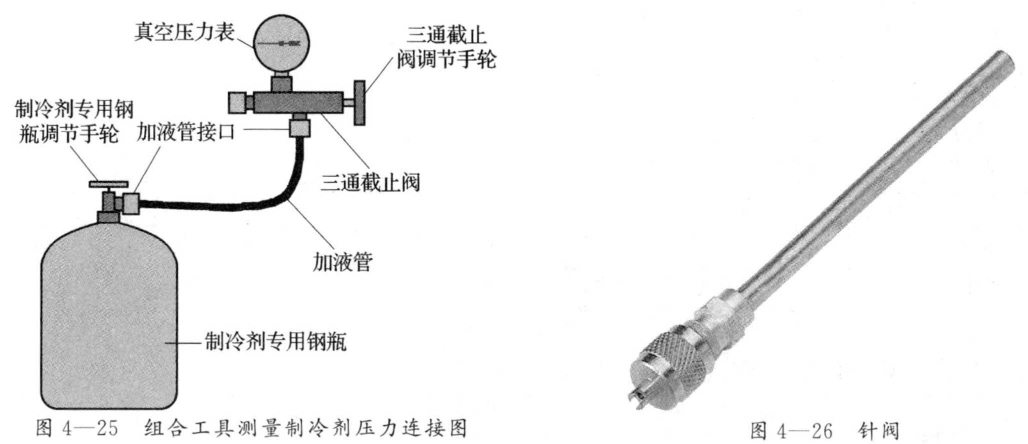

图 4—25　组合工具测量制冷剂压力连接图

图 4—26　针阀

2）用调节手轮将三通截止阀逆时针稍微旋开一点。

3）将真空压力表、三通截止阀、加液管和家用电冰箱压缩机按图 4—27 所示连接起来，利用回气压力将加液管和三通截止阀中的空气排出后迅速关闭三通截止阀。

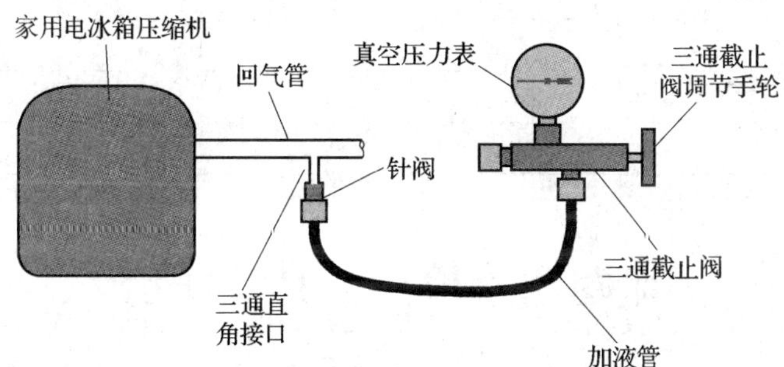

图 4—27　组合工具测量家用电冰箱蒸发压力连接图

4）读出此时真空压力表的数值，并做好记录。

（4）测量房间空调器的蒸发压力

组合工具与房间空调器的连接方法如图 4—28 所示，其余步骤、方法和要求同上。

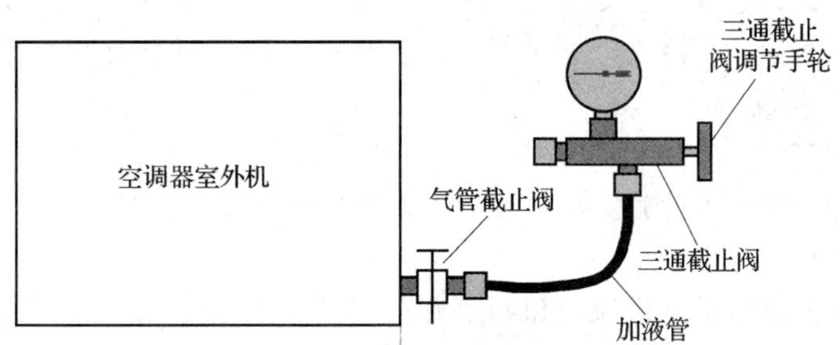

图 4—28　组合工具测量房间空调器蒸发压力连接图

4. 考核标准（见表 4—3）

表 4—3 考核标准

班级		姓名		学号		成绩	
课题名称	制冷系统压力测试和制冷剂加注组合工具的操作实训				实训时间		

项目	评分标准			配分
测量 R134a 在常温下的饱和蒸气压力	方法正确	方法基本正确	方法不正确	15
	12～15	8～11	0～7	
测量 R22 在常温下的饱和蒸气压力	方法正确	方法基本正确	方法不正确	15
	12～15	8～11	0～7	
测量家用电冰箱的蒸发压力	方法正确	方法基本正确	方法不正确	15
	12～15	8～11	0～7	
测量房间空调器的蒸发压力	方法正确	方法基本正确	方法不正确	15
	12～15	8～11	0～7	
读数	准确	基本准确	不准确	15
	12～15	8～11	0～7	
完成课题	按时、独立	基本按时、独立	不按时、不独立	10
	8～10	6～7	0～5	
仪表养护	好	一般	差	5
	5	3～4	0～2	
安全文明操作	好	一般	差	5
	5	3～4	0～2	
实训报告	认真	较认真	不认真	5
	5	3～4	0～2	

课题四　检漏工具及使用

学习目的

会使用卤素检漏灯和电子检漏仪对家用电冰箱和房间空调器进行检漏。

一、检漏工具

对于使用含卤族元素（氟、氯和溴）制冷剂的制冷系统，如果泄漏不是十分严重，制冷系统内部仍有一定压力的制冷剂，这时可用卤素检漏灯或电子检漏仪进行检漏。

1. 卤素检漏灯检漏

（1）卤素检漏灯

卤素检漏灯是一种常见的氟利昂检漏仪器，它常使用酒精、丁烷作为燃料。图 4—29 所示为酒精卤素检漏灯外形图。

（2）酒精卤素检漏灯的工作原理和使用方法

1）先将底盖旋下，注满酒精（或甲醇）后将底盖旋紧，然后将灯竖立放直。

2）将酒精加入黄铜烧杯内并将酒精点燃，待其将要烧完时微开调节阀，喷嘴喷出的酒精就继续燃烧，喷嘴上部有一旁通孔并与软管相接，由于气体高速喷出，使喷射区压力低于大气压，旁通孔就有吸气的能力，检漏时将软管管口在制冷系统的检查部位慢慢移动。如有渗漏，氟利昂蒸气即经软管吸入，这时火焰呈绿色，随氟利昂蒸气浓度变化而变化。

使用丁烷作为燃料的卤素检漏灯的结构与检漏方法与酒精卤素检漏灯大致相同，由于没有黄铜烧杯，所以不用预热，使用更为方便。

（3）注意事项

1）只要检查出氟利昂漏点，就应立即把卤素检漏灯移走，以免产生“光气”，对人体造成危害。

2）燃料不纯将造成卤素检漏灯喷嘴堵塞、熄灭现象，应用专用通针进行疏通。酒精纯度应大于 99%。

3）应经常检查调节阀，以防止燃料从阀芯泄漏燃烧。

4）卤素检漏灯用完熄灭时，不要将阀门关得太紧，以防止灯体冷却收缩，使阀门开裂。

2. 电子检漏仪检漏

（1）电子检漏仪

电子检漏仪是检测制冷设备中氟利昂和 R134a 是否泄漏的检漏仪器，其外形如图 4—30 所示。它具有体积小、灵敏度高、使用方便、便于携带的优点，在制冷设备生产和维修行业中得到了广泛应用。

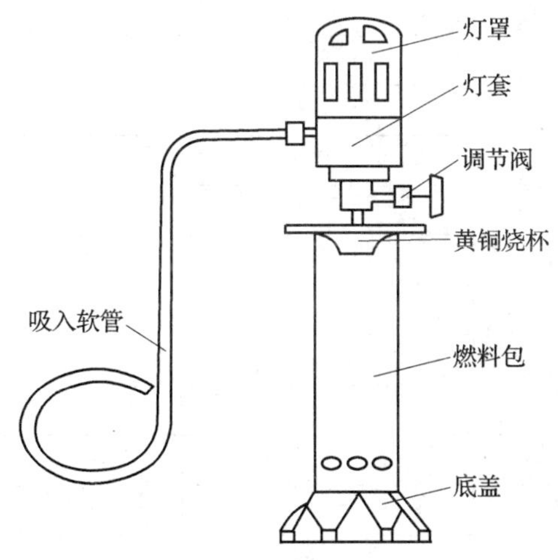

图 4—29　酒精卤素检漏灯

图 4—30　电子检漏仪

（2）电子检漏仪的使用方法和注意事项

1）将电池装入电池盒内，接通电源，把开关拨至“氟利昂”处，会听到“滴、滴、滴”匀速的声音；如要检测 R134a，则拨至“R134a”挡。

2）将传感器探头靠近制冷设备的被检验部位，慢慢移动（一般以 2 cm/s 以下速度），当接近泄漏源时，泄漏气体被吸入探头，“滴、滴、滴”的叫声频率就会加快。同时，指示灯也开始闪亮，被测气体氟利昂浓度越高，发出的声频越高，闪亮的指示灯数就越多。据此就可得知氟利昂的泄漏处。

3）要保持清洁，避免油污、灰尘、水分污染探头。若探头的保护罩已被污染，可小心地拆下电池后，旋下保护罩，用航空汽油清洗，吹干后再照原样装好。制冷剂浓度太高，也会污染探头，使灵敏度降低，所以发现大量泄漏时就要关机，不要让检漏仪继续工作。

4）使用电子检漏仪要防止撞击传感器的探头，更不要随意拆卸，以免损坏探头。

5）电子检漏仪在使用中工作不正常，如啸叫时，应检查干电池电压是否太低，探头是否已被污染或损坏。

二、检漏实训

1. 实训设备、仪表、工具和材料

家用电冰箱、房间空调器、酒精卤素检漏灯、电子检漏仪。

2. 实训内容

（1）用酒精卤素检漏灯进行家用电冰箱的检漏。

（2）用电子检漏仪进行房间空调器的检漏。

3. 实训步骤

实训步骤参照卤素检漏灯和电子检漏仪的使用方法。

4. 考核标准（见表 4—4）

表 4—4　　考核标准

班级		姓名		学号		成绩	
课题名称	检漏实训			实训时间			
项目	评分标准						配分
卤素检漏灯检漏	方法正确		方法基本正确		方法不正确		25
	20～25		14～19		0～13		
电子检漏仪检漏	方法正确		方法基本正确		方法不正确		25
	20～25		14～19		0～13		
完成课题	按时、独立		基本按时、独立		不按时、不独立		15
	12～15		8～11		0～7		
仪表养护	好		一般		差		15
	12～15		8～11		0～7		
安全文明操作	好		一般		差		10
	8～10		6～7		0～5		
实训报告	认真		较认真		不认真		10
	8～10		6～7		0～5		

思考与练习

一、填空题

1. 万用表又称______表，有______式和______式两类，它是一种多量程、多用途的便携式电子电工仪表。一般的万用表可以测量________、________、________、________和________等电量。

2. 用 MF47 型万用表测量时黑表笔插头插入＿＿＿＿＿＿＿＿＿＿＿＿；在测量超过 1 000 V以上的电压时，红表笔插头插入＿＿＿＿＿＿＿＿＿＿＿＿；在测量超过 5 A 以上的直流电流时，红表笔插头插入＿＿＿＿＿＿＿＿＿＿＿＿；在进行其他测量时，红表笔插头插入＿＿＿＿＿＿＿＿＿＿＿＿。

3. 钳形表的全称是＿＿＿＿表，是专门测量＿＿＿＿的电工仪表。

4. 兆欧表也称＿＿＿、＿＿＿＿＿＿等，兆欧表是＿＿＿测量仪表，一般用来测量电动机、电器、仪器和线路的＿＿＿＿。

5. 真空压力表既可以测量＿＿＿＿＿＿＿＿＿＿＿＿＿＿，也可以测量＿＿＿＿＿＿。表盘上刻度的单位通常有＿＿＿＿＿＿和＿＿＿＿＿＿＿＿两种。

二、简答题

1. 与其他仪器、仪表相比，万用表有何优点？

2. 简述 MF47 型万用表的特点。

3. 描述 MF47 型万用表的表盘。

4. 用表格形式列出 MF47 型万用表的直流电阻、直流电压、直流电流和交流电压各挡的量程。

5. MF47 型万用表的机械调零旋钮和欧姆调零旋钮各有何作用？如何调节？

6. 简要介绍指针式万用表的维护和使用须知。

7. 简述如何用 MF47 型万用表测量民用单相交流电压和三相交流电压。

8. 简述用 MF47 型万用表测量大小在 15 V 左右的直流电压的方法。

9. 简述如何用 MF47 型万用表测量下列标称阻值：4.7 Ω、62 Ω、390 Ω、15 kΩ、910 kΩ 和 2.2 MΩ。

10. 简述使用数字式万用表时应重点注意哪些问题。

11. 简述如何用钳形表进行测量。

12. 简要介绍钳形表的使用注意事项。

13. 简要介绍如何用兆欧表测量照明或电力设备对地的绝缘电阻。

14. 简要介绍兆欧表的使用注意事项。

15. 现有 R134a 和 R22 两种制冷剂，用完全相同的制冷剂专用钢瓶灌装，应如何进行甄别？

16. 如何用压力表测量家用电冰箱和房间空调器的蒸发压力？

17. 简要介绍如何使用卤素检漏灯和电子检漏仪进行制冷剂泄漏检查。

第五单元　空调器的安装和移机

课题一　分体挂壁式空调器的安装

学习目的

1. 了解分体挂壁式空调器的结构。
2. 了解分体挂壁式空调器的安装环节、步骤和方法。
3. 初步掌握分体挂壁式空调器的安装技术。

一、分体挂壁式空调器的结构

如图 5—1 所示，分体挂壁式空调器主要由室内机组和室外机组两部分组成，室内机组与室外机组之间通常用两段直径不同的紫铜管相连，其制冷系统示意图如图 5—2 所示。

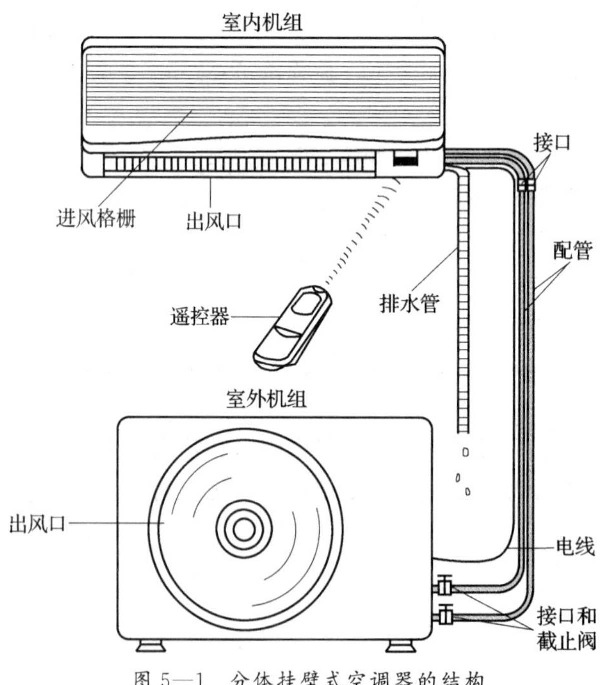

图 5—1　分体挂壁式空调器的结构

二、分体挂壁式空调器的安装和试机

1. 分体挂壁式空调器安装位置的选择

（1）室内机的选址原则和要求

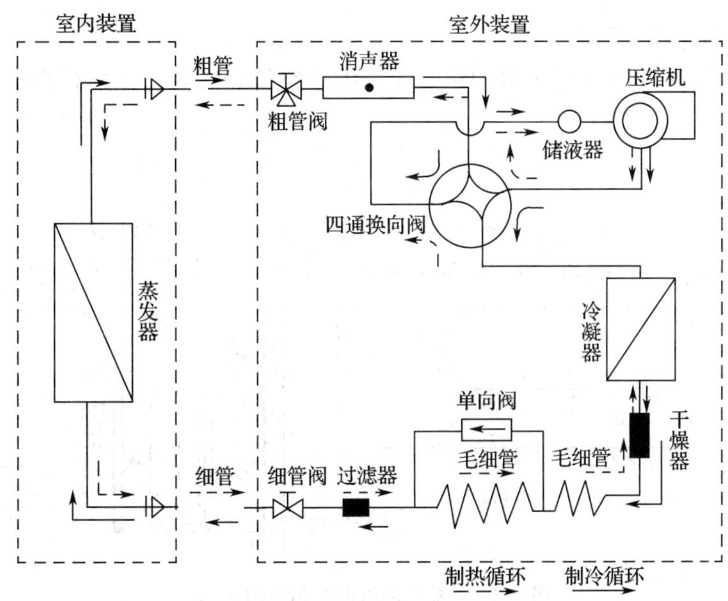

图 5—2　分体挂壁式空调器制冷系统示意图

1）室内机吹出的冷风或热风能顺利到达整个房间。

2）能使空调器所用的配管和排水管伸出室外的长度最短，如图 5—3 所示。

3）室内机周围有足够的安装、维修操作空间以及足够的换、吸气空间，如图 5—4 所示。

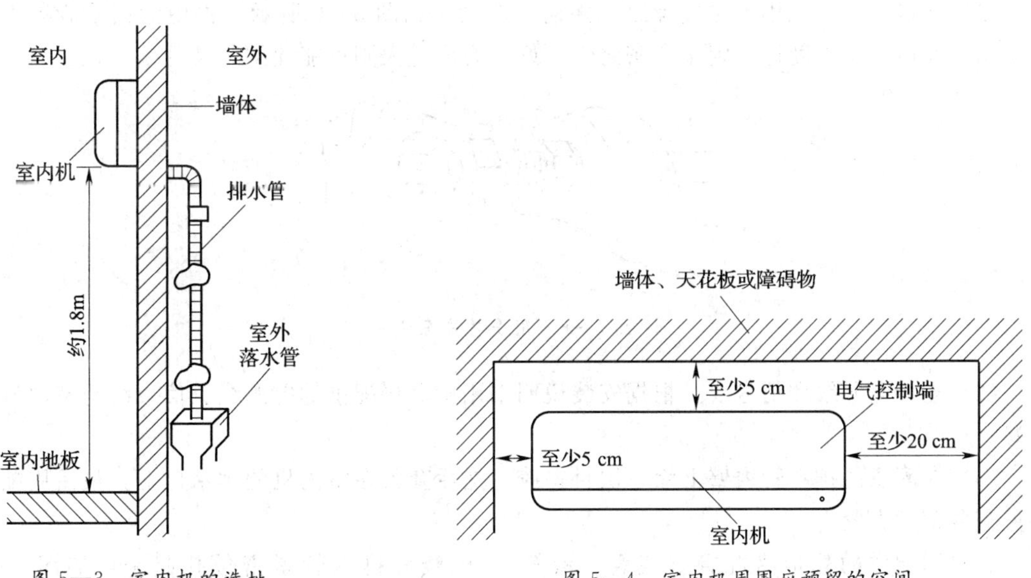

图 5—3　室内机的选址

图 5—4　室内机周围应预留的空间

4）室内机下端与室内地面之间的距离一般以人的身高为标准，通常选择 1.8 m 左右。过高则不利于节能，过低则不但影响人体舒适感，还有可能影响室内机冷热空气的对流换热。

5）远离可燃气源、热源、厨房等油雾源。

6）避开阳光直射处。

（2）室外机的选址原则和要求

1）通风条件良好，周围有足够的进、出风换热空间和安装、维修操作空间，如图 5—5 所示。

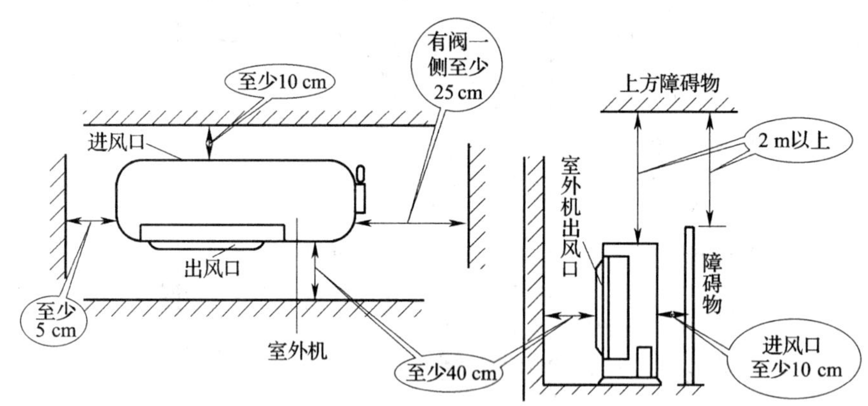

图 5—5　室外机周围应预留的空间

2）周围有坚实的地基或墙体，使室外机组得以可靠固定。

3）远离可燃气源、热源、厨房等油雾源。

4）尽量避开潮湿处，以减轻腐蚀，延长空调器的使用寿命。

2. 室内机与配管等的连接和包扎

（1）连接配管。先用手对接螺纹，并初步旋紧，如图 5—6 所示。再用活扳手旋紧，连接中用力要适当，力度过小则接合密封性不好，力度过大则可能使纳子裂开。

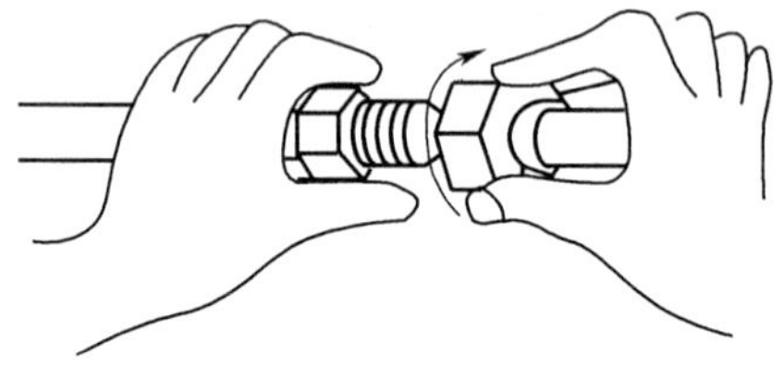

图 5—6　用手对接螺纹

（2）连接电源线和信号线。根据安装说明书用旋具将配供的电源线、信号线与室内机连接好。

（3）在配供的排水管内壁上涂一层百得胶，然后套紧在室内机的排水口上，最后用配供的夹箍或钢丝夹紧。

（4）用配供的扎带将配管（气管、液管）、电线和排水管紧密包扎起来，如图 5—7 所示。

3. 室内机的安装

（1）选择配管走向

如图 5—8 所示，室内机的配管可根据需要从五个不同的位置或方向伸出墙外。

（2）室内机支架（又称后盖板）和穿墙孔的定位

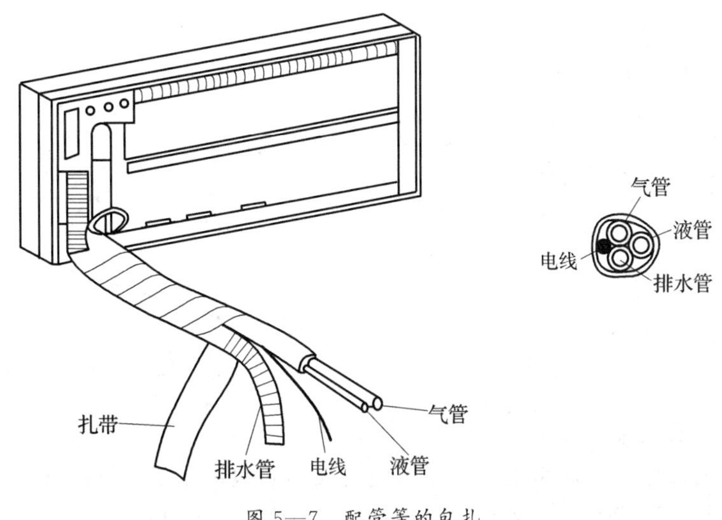

图 5—7　配管等的包扎

在室内机支架在墙面上预选的位置上用水平仪或钢卷尺进行水平校正，在确保水平度的要求后用铅笔在墙面上画出室内机支架打钉位置和穿墙孔位置，如图 5—9 所示。

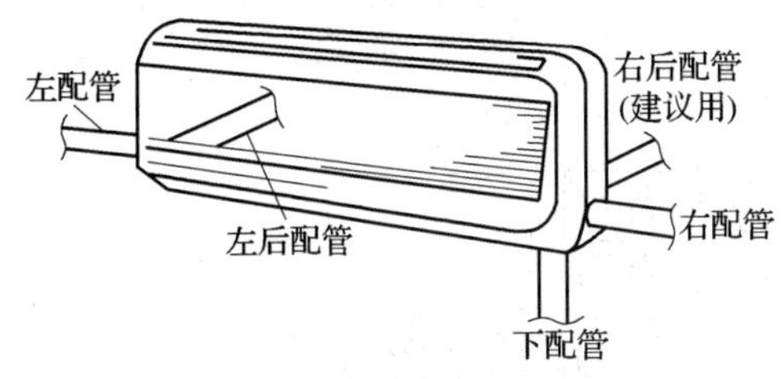

图 5—8　可供选择的室内机配管走向

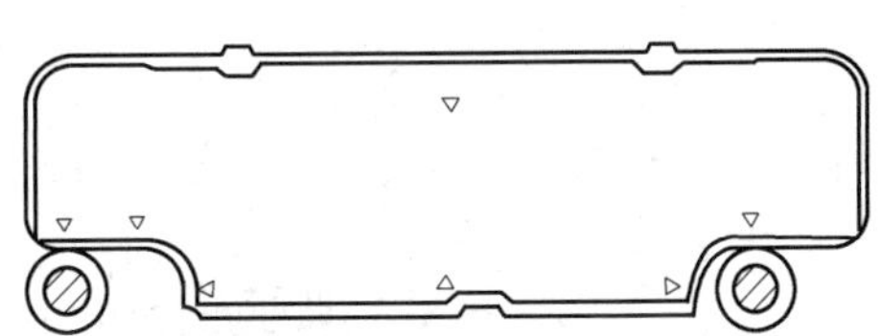

图 5—9　室内机支架和穿墙孔定位

(3) 钻穿墙孔

将电锤换上冲击钻头，在墙面上钻出直径约 7 cm 的圆孔，钻孔时要有意识地让孔适度向外倾斜，如图 5—10 和图 5—11 所示。

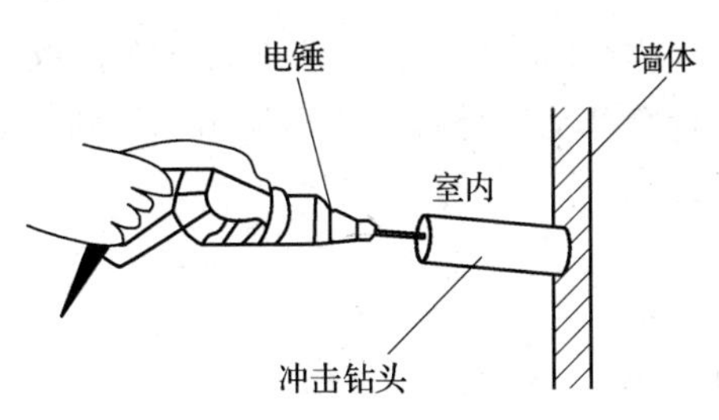

图 5—10　用冲击钻头钻孔

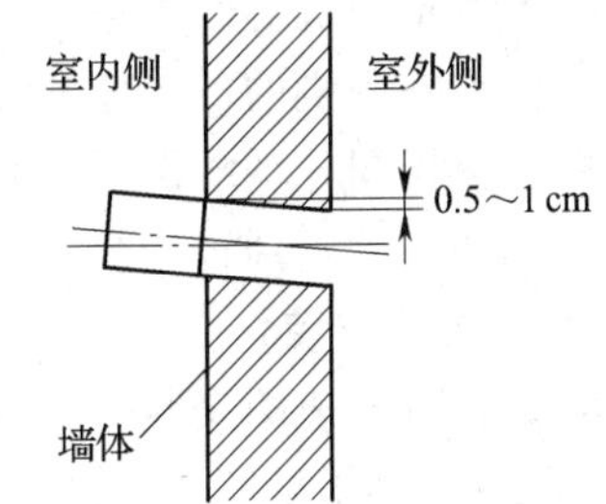

图 5—11　穿墙孔外侧稍低于内侧

(4) 安装穿墙套管

安装穿墙套管的方法如图 5—12 所示。若套管太长，可按图 5—13 所示进行切割。

安装穿墙套管的目的有二，其一可避免制冷配管在穿墙过程中磨损；其二能阻挡风雨、蚊虫的侵入。

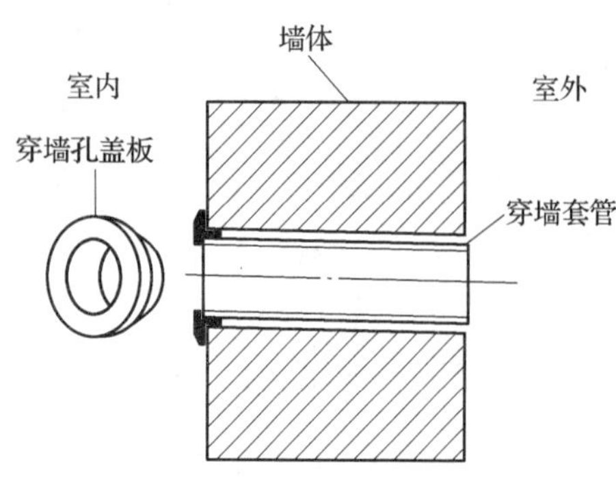

图 5—12　穿墙套管的安装

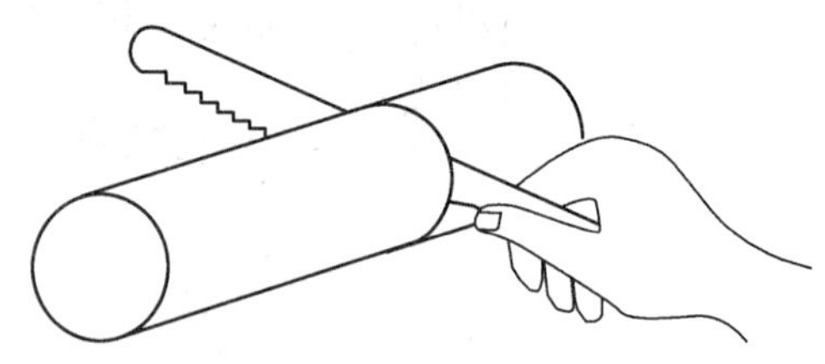
图 5—13　切割穿墙套管的方法

（5）安装室内机支架

按前面画好的位置用专用水泥钉将室内机支架牢固地钉在墙面上。打上第二个钉子后要注意水平度，若有显著倾斜，必须取出第二个钉子，重新调整好。

（6）室内机的就位与整理

室内机的就位需要 2～3 人配合操作，1～2 人架起室内机，另一人将与室内机连接好的配管自由端逐渐插入墙孔，直至将室内机挂到支架上。架好室内机后通常需要对配管等进行整理，待服帖后轻轻用力将室内机压入支架下端卡子里，如图 5—14 所示。

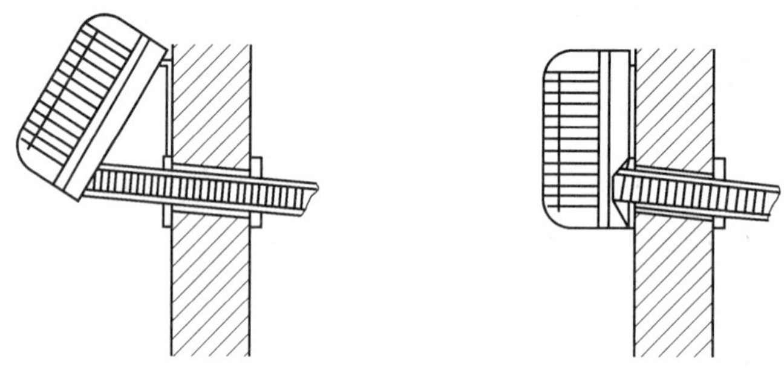
图 5—14　室内机的就位

（7）检查室内机排水

为了保证室内机的冷凝水能够顺利排到室外，应掀开室内机前面的进风格栅，取下滤网，紧贴换热器翅片缓缓倒下一杯清水，观察水是否全部从室外排水管中流出。否则，必须认真检查和调整，直到符合要求。

4. **室外机的安装**

（1）室外机支架的安装

1）室外机尺寸测量。用钢卷尺测量室外机的长、宽、高以及底座固定孔距。

2）支架的定位。根据室外机的长、宽、高以及底座固定孔距等其他非主要因素，用钢卷尺和水平仪确定两侧支架（1 副）钻孔的位置，并用铅笔在墙面上做出所要钻孔位置的记号。

3）将电锤换上 ϕ14 mm 冲击钻头，在墙面上已画好的钻孔位置准确地钻出 4～6 个深约 10 cm 的孔。

4）用锤子先后将 4～6 个 ϕ10 mm 膨胀螺钉轻轻敲入墙孔，然后逐一旋紧带有弹簧垫圈的螺母，将支架牢牢地固定在墙面上。

（2）室外机的就位和固定

先将室外机放上支架，调整好位置后用带有弹簧垫圈的螺钉和螺母将室外机牢牢地固定在支架上。为减轻室外机工作时的震动，一般在室外机底部四角垫上橡胶防震垫片。

（3）连接配管（见图 5—15）

1）连接气管。旋下配管气管接口上的密封堵头，旋下室外机组气管截止阀接口上的帽盖。调整气管位置，使气管接口在自由状态下能正好对准室外机上的三通气阀接口，用气管上附带的纳子将气管与三通气阀连接好，用活扳手旋紧。

2）连接液管。旋下配管液管接口上的密封堵头，旋下室外机组液管截止阀接口上的帽盖。调整液管位置，使液管接口在自由状态下能正好对准室外机上的液阀接口，用液管上附带的纳子将液管与液阀连接好，用活扳手旋紧。

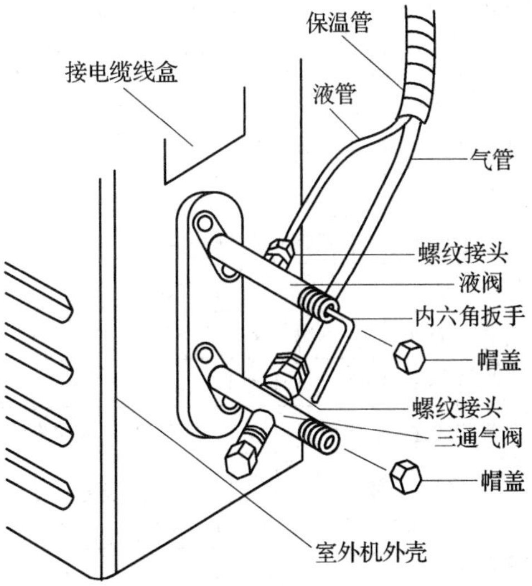

图 5—15　配管与室外机的连接

3）排空气

①用活扳手将已经旋紧的气管纳子松开两圈。

②用相应的扳手（现多为内六角扳手）稍稍打开液管截止阀，约 30 s 后快速将松开的气管纳子再度旋紧。

（4）连接电源线和信号线（见图 5—16）

用丨字旋具将室外机盖板打开，接上电源线，接好或插好信号线端子，重新旋上盖板。

特别指出，在包括电源线和信号线连接在内的设备安装过程中严禁接通电源。

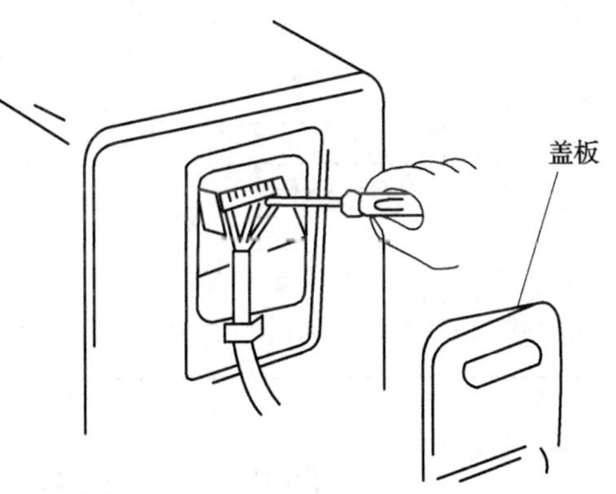

图 5—16　电源线和信号线的连接

5. 运行试机

插上电源插座，按下遥控器开关试机，直到整机能完全正常工作为止。

三、分体挂壁式空调器安装实训

1. 实训设备、工具和材料

分体挂壁式空调器、电锤、ϕ14 mm 冲击钻头、水平仪、钢卷尺、钢丝钳、锤子、旋具（一字旋具、十字旋具各 1 把）、中号活扳手（2 把）、内六角扳手（1 套）、铅笔、支架、ϕ10 mm 膨胀螺钉（4～6 个）、ϕ8 mm 紧固螺钉螺母（带垫圈的 4 个）、包扎带、百得胶、电工胶带、水泥钉若干。

2. 实训步骤

按照前面介绍的分体挂壁式空调器安装步骤进行。

3. 考核标准（见表5—1）

表5—1　　考核标准

班级		姓名		学号		成绩	
课题名称	分体挂壁式空调器安装实训			实训时间			
项目	评分标准					配分	
室内配管等的连接	方法正确，质量好	方法正确，质量一般		方法不正确，质量差		15	
	12～15	8～11		0～7			
室内机定位和安装	方法正确，质量好	方法正确，质量一般		方法不正确，质量差		15	
	12～15	8～11		0～7			
室外机定位和安装	方法正确，质量好	方法正确，质量一般		方法不正确，质量差		15	
	12～15	8～11		0～7			
室外配管的连接和排空气	方法正确，质量好	方法正确，质量一般		方法不正确，质量差		15	
	12～15	8～11		0～7			
电源线和信号线的连接	方法正确，用时较短	方法正确，用时较长		方法不正确		10	
	8～10	6～7		0～5			
试机运行	一次成功	有小问题		问题较多		10	
	8～10	6～7		0～5			
完成课题	按时、独立	基本按时、独立		不按时、不独立		5	
	5	3～4		0～2			
工具养护	好	一般		差		5	
	5	3～4		0～2			
安全文明操作	好	一般		差		5	
	5	3～4		0～2			
实训报告	认真	较认真		不认真		5	
	5	3～4		0～2			

课题二　分体柜式空调器的安装

学习目的

1. 了解分体柜式空调器的结构。
2. 了解分体柜式空调器的安装环节、步骤和方法。
3. 初步掌握分体柜式空调器的安装技术。

一、分体柜式空调器的结构

分体柜式空调器的结构如图5—17所示，它与分体挂壁式空调器相似，但在制冷系统中通常将毛细管分配在室内机组内，这是柜机与挂壁机的显著区别。

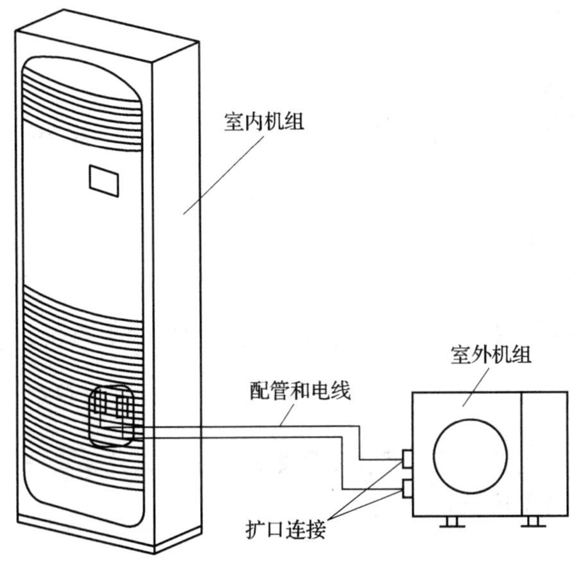

图 5—17　分体柜式空调器的结构

二、分体柜式空调器的安装和试机

柜式空调器的室内机组结构与挂壁式空调器有所区别，且为落地直立安置方式。其他方面，柜式空调器的安装与挂壁式空调器基本一致。

1. 室内机的选址原则和要求

柜机的选址原则与挂壁机基本一样，但也有其自身特点，具体如下：

（1）要保证室内机冷热空气顺利到达整个房间。

（2）配管和电线进出方便，冷凝水和化霜水能顺利流到室外。

（3）不影响或尽可能不影响原房间的使用和布局。

（4）地面结实、平坦，以防止室内机组倾倒。

（5）室内机周围应预留空间，基本要求如图 5—18 所示。

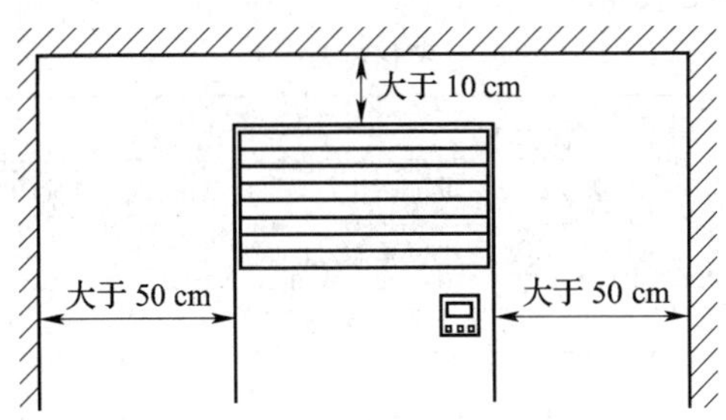

图 5—18　分体柜式空调器室内机应预留的空间

2. 室内机的安装

（1）打开室内机下部的进风格栅，露出与室内机相连的粗细不同的两个接管的螺纹接头和排水管，如图 5—19 所示。

（2）根据实际情况选择接管和排水管的出口，如图 5—20 所示。

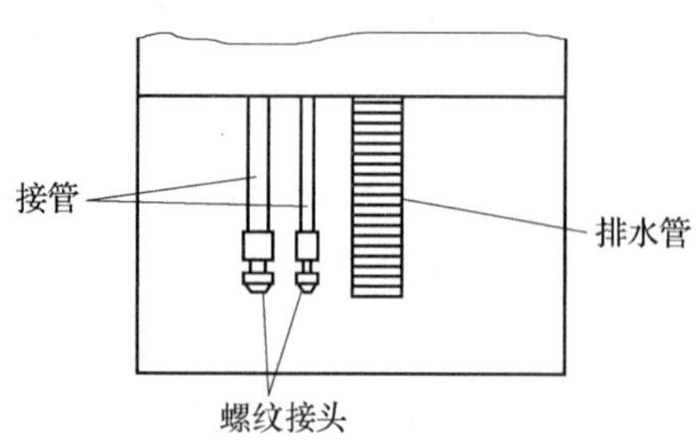

图 5—19　室内机的两个螺纹接头和排水管

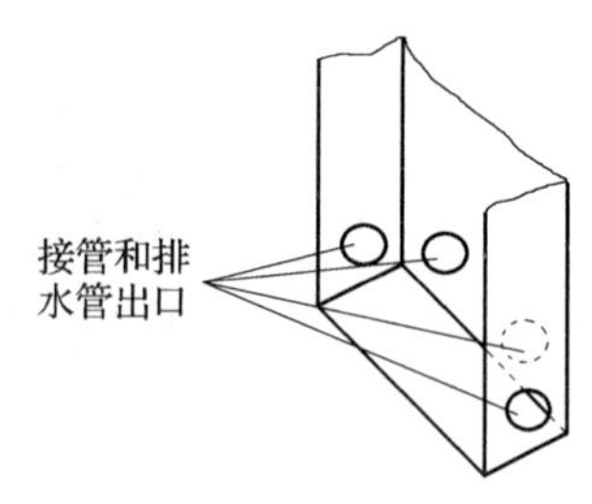

图 5—20　接管和排水管出口

（3）室内机与配管等的连接和包扎。这部分操作方法、步骤和要求与挂壁机基本一样，这里不再赘述。

3. 钻穿墙孔

这部分操作除墙孔稍大（具体直径视不同柜机而定）以外，操作方法、步骤和要求与挂壁机基本一样，这里不再赘述。

4. 室外机的安装

参照分体挂壁式空调器室外机的安装步骤。

5. 运行试机

插上电源插座，按下遥控器开关试机，直到整机能完全正常工作为止。

三、分体柜式空调器安装实训

1. 实训设备、工具和材料

分体柜式空调器、电锤、ϕ14 mm 冲击钻头、水平仪、钢卷尺、钢丝钳、锤子、旋具（一字旋具、十字旋具各 1 把）、大活扳手（2 把）、呆扳手（1 套）、内六角扳手（1 套）、铅笔、支架、ϕ10 mm 膨胀螺钉（6 个）、ϕ8 mm 紧固螺钉螺母（带垫圈的 4 个）、包扎带、百得胶、电工胶带、水泥钉若干。

2. 实训步骤

按照前面介绍的分体柜式空调器安装步骤进行。

3. 考核标准（见表 5—2）

表 5—2　考核标准

班级		姓名		学号		成绩	
课题名称	分体柜式空调器安装实训				实训时间		
项目	评分标准						配分
室内配管等的连接	方法正确，质量好		方法正确，质量一般		方法不正确，质量差		15
	12～15		8～11		0～7		
室内机定位和安装	方法正确，质量好		方法正确，质量一般		方法不正确，质量差		15
	12～15		8～11		0～7		
室外机定位和安装	方法正确，质量好		方法正确，质量一般		方法不正确，质量差		15
	12～15		8～11		0～7		
室外配管的连接和排空气	方法正确，质量好		方法正确，质量一般		方法不正确，质量差		15
	12～15		8～11		0～7		

续表

项目	评分标准			配分
电源线和信号线的连接	方法正确，用时较短	方法正确，用时较长	方法不正确	10
	8～10	6～7	0～5	
试机运行	一次成功	有小问题	问题较多	10
	8～10	6～7	0～5	
完成课题	按时、独立	基本按时、独立	不按时、不独立	5
	5	3～4	0～2	
工具养护	好	一般	差	5
	5	3～4	0～2	
安全文明操作	好	一般	差	5
	5	3～4	0～2	
实训报告	认真	较认真	不认真	5
	5	3～4	0～2	

课题三　分体式空调器的移机

学习目的

1. 了解分体式空调器的拆机环节、步骤和方法。
2. 初步掌握分体式空调器的移机方法。

分体式空调器移机实训

1. 实训设备、工具和材料

分体式空调器、电锤、ϕ14 mm 冲击钻头、水平仪、钢卷尺、钢丝钳、锤子、旋具（一字旋具、十字旋具各 1 把）、大活扳手（2 把）、呆扳手（1 套）、内六角扳手（1 套）、铅笔、支架、ϕ10 mm 膨胀螺钉（6 个）、ϕ8 mm 紧固螺钉螺母（带垫圈的 4 个）、包扎带、百得胶、电工胶带、水泥钉若干。

2. 实训步骤

（1）收液

所谓收液，是指将待拆分体式空调器制冷系统中的制冷剂全部转移到室外机组制冷系统中的过程。收液的步骤和方法一般如下：

1）连接真空压力表

①用扳手将气管工艺口帽盖旋下。

②将三通截止阀与加液管按图 5—21 所示方法连接好，并逆时针微微旋松三通截止阀调节手轮。

③微微打开室外机截止阀，少顷迅速关闭三通截止阀，利用机内制冷剂将加液管和三通截止阀中的少量空气排出。

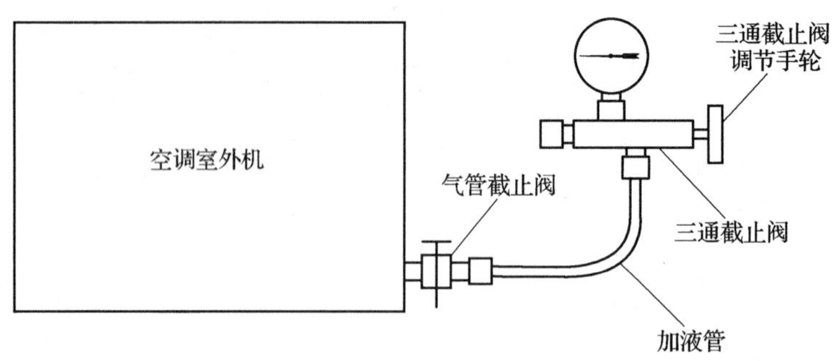

图 5—21　分体式空调器收液时三通截止阀和加液管的连接方法

2）进行收液

①接通电源并让空调器工作于制冷状态。在冬季移机时，可将室外机的四通换向阀电源拔去，以使其强制制冷。

②当机器进入正常制冷状态后，立即用扳手将液管工艺口帽盖旋下，并将接在液管上的截止阀关闭（顺时针旋到底并旋紧）。

③当压力表显示读数接近零时，迅速关闭接在气管上的截止阀。

④关断电源，将空调器的电源插头从电源插座上拔下。

（2）拆机

1）拆卸室外机电源接线和配管

①管线的拆卸。管线的拆卸顺序是：电源线和信号线、液管、气管。

②用塞子或干净的布条、厚实的塑料袋将四个接口包扎、密封起来，以防止异物、水汽进入配管和室外机组制冷系统内。

2）拆卸室内机组

①将配管调直。

②将室内机从支架上脱下后，连同室内机将配管、电线和排水管一起从墙孔中向室内拉出。

③小心地将配管、电线和排水管一起卷成直径 50 cm 左右的圆盘，以便于转移运输。

3）拆卸室外机组

①旋下室外机紧固螺母。

②将室外机从支架上抬出，搬入室内。

③旋下膨胀螺钉。

④拆下室外机支架，备用。

（3）重装

移机中的重装过程、步骤、方法和要求与新装时基本一样，这里不再赘述。但由于空调器在使用过一段时间后紫铜配管会发硬，所以在重装时弯曲铜管要小心，切勿弄瘪，否则需要更换新管。另外，如果包扎带受损则需更换重扎，否则保温管的保温性能将受到较大影响。

3. 考核标准（见表 5—3）

表 5—3　考核标准

班级		姓名		学号		成绩	
课题名称	分体式空调器移机实训			实训时间			
项目	评分标准					配分	
收液	方法正确，收液完全		方法正确，未收完全		方法不正确，未收完全	30	
	25～30		18～24		0～17		
拆机	方法正确，质量好		方法正确，质量一般		方法不正确，质量差	30	
	25～30		18～24		0～17		
重装	方法正确，质量好		方法正确，质量一般		方法不正确，质量差	8	
	7～8		5～6		0～4		
完成课题	按时、独立		基本按时、独立		不按时、不独立	8	
	7～8		5～6		0～4		
工具养护	好		一般		差	8	
	7～8		5～6		0～4		
安全文明操作	好		一般		差	8	
	7～8		5～6		0～4		
实训报告	认真		较认真		不认真	8	
	7～8		5～6		0～4		

思考与练习

一、填空题

1. 分体挂壁式空调器主要由________和________两部分组成，室内机组与室外机组之间通常用________________________相连通。

2. 分体柜式空调器通常将毛细管分配在______机组中，这是柜机与挂壁机的显著区别。

二、简答题

1. 简述分体挂壁式空调器室内机的选址原则和要求。
2. 简述分体挂壁式空调器室外机的选址原则和要求。
3. 为何在打好穿墙孔后要在其中安装穿墙套管？
4. 如何检查分体挂壁式空调器室内机的排水是否良好？
5. 简述安装室外机支架的步骤和方法。
6. 简述分体挂壁式空调器配管与室外机组的连接方法。
7. 简述分体柜式空调器室内机的选址原则和要求。
8. 简述分体式空调器的收液步骤和方法。
9. 简述分体式空调器的拆机步骤和方法。